ELLI H. RADINGER

ABSCHIED VOM GELIEBTEN HUND

ELLI H. RADINGER

ABSCHIED VOM GELIEBTEN HUND

Trauern, loslassen, neuen Mut fassen –
Was uns Hunde über das Sterben
und die Liebe lehren

LUDWIG

Aus Gründen der besseren Lesbarkeit wird auf die gleichzeitige Verwendung der Sprachformen männlich, weiblich und divers verzichtet. Sämtliche Personenbezeichnungen gelten gleichermaßen für alle Geschlechter.

Cradle to Cradle Certified® ist eine eingetragene Marke des Cradle to Cradle Products Innovation Institute. Das Etikett ist kein Bestandteil der erlangten C2C Zertifizierung bei GGP Media.

Penguin Random House Verlagsgruppe FSC® N001967

Originalausgabe 03/2022

in der Penguin Random House Verlagsgruppe GmbH,
Neumarkter Straße 28, 81673 München
Redaktion: Ulrike Strerath-Bolz
Umschlaggestaltung: Hauptmann & Kompanie Werbeagentur, Zürich,
unter Verwendung eines Fotos von © Getty Images/Marla Rutherford
Illustrationen: Sabine Fladung-Wagener
Fotos im Innenteil: Seite 1: Elli Radinger,
Seite 2: Alamy Stock Foto/TYNZA,
Seite 3: Alamy Stock Foto/Stockimo/Seachange,
Seite 4: Alamy Stock Foto/LVRee,
Seite 5: Alamy Stock Foto/Amelia Martin,
Seite 6: Sabine Fladung-Wagener,
Seite 7: Sabine Fladung-Wagener, Seite 8: Elli Radinger
Satz: Leingärtner, Nabburg
Druck und Bindung: GGP Media GmbH, Pößneck
Printed in Germany
ISBN: 978-3-453-28148-6

www.Ludwig-Verlag.de

Charlie Brown: »Eines Tages werden wir alle sterben, Snoopy!«
Snoopy: »Stimmt, aber an allen anderen Tagen nicht.«

(Charles M. Schulz)

INHALT

VORWORT

Shira starb zwanzig Monate nach der Veröffentlichung meines Buches *Die Weisheit alter Hunde,* in dem ich über mein Leben mit ihr und anderen alten Hunden erzählt habe.

Der Gesundheitszustand meiner Hündin hatte sich in den letzten Monaten immer mehr verschlechtert, und ich musste erkennen, dass uns nicht mehr allzu viel Zeit miteinander blieb. Die zwei weiteren Jahre, die wir noch hatten, waren ein Geschenk, oft ein schmerzhaftes, wenn mir ihre Gebrechlichkeit bewusst wurde, aber meist ein beglückendes, weil ich jede Minute, die wir zusammen verbrachten, intensiv genossen habe.

Shiras Sterben, ihr Tod, meine Trauer und letztendlich auch die Hoffnung, dass ich irgendwann einen neuen Hund und damit ein neues Leben finden werde, waren Erfahrungen, die ich in dieser Tiefe nur im Angesicht des Todes machen konnte.

Ursprünglich habe ich dieses Buch, das Sie jetzt lesen, für mich selbst geschrieben. Als ich nach Shiras Tod in eine tiefe Depression verfiel, half mir das Schreiben dabei, meine Gedanken zu ordnen. Nachdem ich meinen Verlust in den sozialen Medien bekannt gegeben hatte, erreichten mich Hunderte E-Mails, Briefe und Karten von Menschen, die mir ihr Mitgefühl ausdrückten und Trost zusprachen. Menschen aus aller Welt erzählten mir von ihren alten, kranken oder verstorbenen Tieren. Von dem tiefen Kummer, der Angst und der Verzweiflung und von ihrer Einsamkeit und Hilflosigkeit, weil die Trauer um einen Hund oder um eine Katze in unserem Umfeld nur auf begrenztes Verständnis stößt.

Ich erfuhr, dass wir in unserer Liebe zu Tieren, in unserem Mitgefühl und unserer Empathie füreinander verbunden sind. Wir alle, die wir unser Herz verschenken, werden auf die eine oder andere Weise die universelle Erfahrung von Verlust und Trauer machen. Die Anteilnahme der Menschen, die mir Trost zusprachen und Shira und ihr Leben würdigten, erinnerte mich daran, dass großes Leid in vielerlei Hinsicht auch die ultimative Feier des Lebens, der Gemeinschaft und der Liebe ist.

Fast jeder, den ich kenne, hat schon einmal ein Tier verloren. Was uns eint, ist die Leere, die bleibt, wenn das Geschöpf, mit dem wir unser Leben geteilt haben, nicht mehr da ist. Dabei beginnt die Trauer oft schon lange vorher, wenn der bevorstehende Abschied durch das Alter oder eine schwere Krankheit absehbar wird.

Niemand, der um ein Tier trauert, ist »dumm«. Ein Haustier ist selten »nur ein Hund« oder »nur eine Katze«. Es ist oft ein integraler Bestandteil des eigenen Lebens und bietet eine liebevolle, emotionale Verbindung, die in einer komplexen und oft grausamen Welt große Bedeutung hat.

Unterschätzen Sie nicht die Macht Ihrer Gefühle und das Chaos, das der Verlust eines geliebten Tieres in Ihrer Seele anrichten kann. Sie werden sich oft selbst nicht wiedererkennen. Sie brechen auch Monate oder Jahre nach dem Tod Ihres Hundes beim Anblick der gleichen Rasse in Tränen aus. Sie beenden eine langjährige Freundschaft oder reichen die Scheidung ein, weil Sie sich in Ihrem Schmerz nicht verstanden fühlen. Sie buchen urplötzlich eine Weltreise oder verkaufen Ihr Haus, um in eine Hütte in den Wald zu ziehen. Auch ich habe einiges davon getan. Für Außenstehende mag das alles unverständlich sein, aber es ist normal: eine Reaktion auf den Schmerz und Ausdruck unserer Trauer.

Wenn jemand stirbt, den wir sehr lieben, verlieren wir einen Teil von uns selbst. Die Erde dreht sich weiter, während wir verzweifelt versuchen, sie anzuhalten.

Irgendwann hat uns der Alltag wieder. Doch dann hören wir urplötzlich ein Geräusch, sehen oder riechen etwas, ein Jahrestag steht an, der Urlaub am Meer – und wir fühlen wieder diesen Stich im Herzen. An einem Tag geht es uns gut, am nächsten stürzen wir in einen Abgrund der Verzweiflung.

Der Tod eines Haustieres, mit dem wir sein ganzes, viel zu kurzes Leben lang verbunden waren, ist ein intimer, unausweichlicher Teil der Mensch-Tier-Beziehung. Die Bedeutung dieses Verlustes ändert sich mit der Lebenssituation, der Stärke der Bindung an das Tier und mit dem Alter. Je näher ich meinem eigenen Lebensende komme, umso mehr verändert sie sich.

Mit jedem Verlust, den wir durchleben, werden wir ein wenig trauriger. Wir werden den geliebten Hund nie vergessen, er wird immer bei uns sein. Aber wir lernen, unser Leben ohne tierischen Begleiter auszurichten. Vertrauen Sie darauf, dass der Abschied von einem Herzenstier nicht das Ende von etwas sein muss. Es kann ein Anfang sein, ein Tor zur nächsten Erfahrung.

Um von alldem zu erzählen, habe ich dieses Buch auch für Sie geschrieben: für die traurigen Leserinnen und Leser, die einen Verlust erlitten und mit mir geteilt haben. Es soll Ihnen sagen: Sie sind nicht allein. Ich weiß, wie Sie sich fühlen. Ihr Schmerz ist der meine. Ich möchte Ihnen helfen und Sie in Ihrem Kummer unterstützen. Ihnen Kraft geben und Sie vorbereiten, wenn Sie für einen Hund sorgen, der bald sterben wird, oder wenn Sie um eine Katze weinen, die Sie bereits verlassen hat. Lassen Sie uns gemeinsam das Leben unserer Tiere feiern, um sie trauern … und dann in ihrem Sinne weitermachen.

Shiras letzte Jahre haben mir bewusst gemacht, welches Geschenk uns unsere Tiere hinterlassen, wenn sie uns erlauben, sie in dieser wertvollsten Lebensphase zu begleiten. Letztendlich bleiben die Liebe und die Hoffnung.

Dieses Buch ist Shiras Vermächtnis.

TEIL EINS
ABSCHIED

DAS LEBEN FEIERN

13. Juni 2020, Shiras fünfzehnter Geburtstag. Während ich meine eigenen Geburtstage nur sehr selten feiere, habe ich für meine Hunde immer gern ein kleines Fest daraus gemacht. Manchmal fuhr ich mit ihnen irgendwohin, wo es ihnen besonders gut gefallen hatte. Das war bei meinen beiden Labradoren ein See oder das Meer. Ein paar Mal organisierte ich sogar eine Party. Die Zweibeiner trafen sich zu Kaffee und Kuchen, und für die Vierbeiner gab es Leckerlis. Es war ein großer Spaß für alle.

Diesmal jedoch hatte ich keine Pläne; wir blieben allein. Shira hatte eine unruhige Nacht gehabt. Ich war erleichtert, aber auch völlig erschöpft, als endlich die Schmerztablette zu wirken begann und sie einschlief. Es war ungeheuer anstrengend, sich Tag und Nacht um einen kranken Hund zu kümmern. Nach dem gemeinsamen Frühstück – wir teilten uns ein Leberwurstbrötchen – fuhr ich mit dem Auto zu unserer Lieblingswiese. Shira trabte erstaunlich locker durch das Gras, die Nase auf dem Boden. Ich bewunderte ihr Fell, das in der Sonne golden leuchtete. Nach einer halben Stunde hatten wir gemächlich einen leichten Hügel erklommen und machten uns auf den Rückweg. Shira fiel zurück, zu gut roch es überall. Dann hörte ich ein Geräusch hinter mir, das wie die donnernden Hufe einer galoppierenden Mustangherde klang. Ich schaute mich um. Meine alte Hündin preschte mit einem breiten Grinsen und fliegenden Ohren an mir vorbei, drehte drei große Kreise – früher ihre liebste Urlaubschoreografie am Strand. Ein Bild der Lebensfreude. Ich schöpfte

Hoffnung. Es ging ihr besser. Vielleicht schaffen wir noch ein Jahr – oder wenigstens ein paar Wochen …

Uns blieben noch zwei gemeinsame Monate.

Shiras fünfzehnter Geburtstag war unser letzter vollständig unbeschwerter Tag. Im Jahr zuvor hatte sich ihr Alter immer deutlicher bemerkbar gemacht. Sie war nun fast taub und sah schlecht. Besonders machten ihr die Arthrose und Spondylose zu schaffen. Sie verschlief ganze Tage, dann wieder war sie voller Energie und rannte durch die Wiesen wie ein junger Hund. Es sah aus, als sammelte sie noch einmal ihre Kräfte, um Abschied zu nehmen. An anderen Tagen trottete sie ein paar Schritte neben mir her, blieb stehen, schaute mich an und drehte um, wollte zurück zum Auto.

Ich konnte die Augen nicht mehr vor der Wahrheit verschließen. Meine große Hundeliebe würde sterben, es war einfach so. Es half nicht, wenn ich so tat, als sei die Welt noch in Ordnung. »Das kriegen wir schon hin. Alles wird gut.« Nichts würde mehr gut werden. Nicht alles lässt sich reparieren, und von manchen Schmerzen gibt es keine Erlösung. Jetzt kam es auf mich an. Darauf, wie ich den Rest unserer gemeinsamen Lebenszeit gestalten würde.

Das Leben mit meiner alten Hündin war unkalkulierbarer, sprunghafter geworden. Es sind die alltäglichen Routinen, die unserem Leben mit Tieren Struktur geben. Füttern, Spielen, Gassigang geben uns auch in schwieriger Zeit Kraft und Halt. Diese Routine begann zu bröckeln. Ich verlor nicht nur meinen Herzenshund, sondern auch den gemeinsamen Alltag, wie wir ihn kannten. Das Leben und unser Tagesablauf veränderten sich, und ich passte mich an.

Eine der wichtigsten Lektionen, die ich nun lernte, war die Wertschätzung des Lebens, das ich mit Shira führte. Das half, mich auf meine Hündin zu konzentrieren statt auf das Gedankenchaos, das in mir tobte. Wann immer ich bei dem Gedanken an die nahe Zukunft in Panik geriet, zwang ich mich, auf das Hier und Jetzt zu blicken und jeden kostbaren Augenblick mit Shira zu genießen. Wir feierten das Leben und verbrachten viel Zeit miteinander. Zeit, bei der Qualität und nicht Quantität im Mittelpunkt stand.

Unsere Tiere haben uns tonnenweise Liebe geschenkt. Am Ende unserer gemeinsamen Zeit können wir ihnen diese Liebe zurückgeben. Es gibt so viel, was auch mit einem sehr alten oder sterbenden Hund noch möglich ist.

Ich schrieb eine kleine Liste mit allem, was meine Hündin liebte und wozu sie körperlich noch fähig war: gemütliche Spaziergänge, Kuscheln auf der Couch, Schwimmen, (Hunde-) Freunde besuchen. All dies konnte ich mit ihr machen. Lange Wanderungen fielen aus, für kürzere kaufte ich einen Hundebuggy. Wenn Shira müde wurde, stieg sie ein, und ich schob sie, während Madame aus ihrer royalen Kutsche bequem auf die Welt blickte.

Schwimmen war immer die große Leidenschaft meiner Labrador-Hündin gewesen. Mit ihrer altersbedingten Arthrose fiel ihr im Wasser die Bewegung leichter. Wenn wir nun meine Freundin und ihren Flat-Coated Retriever Mr. Darcy am Edersee besuchten, war es das Highlight für Shira, mit ihrem Freund eine Runde im See zu schwimmen und anschließend um die Wette zu schnarchen. Und mir halfen die Gespräche mit meiner Freundin, mich abzulenken und zu entspannen.

Shira apportierte auch im Alter noch mit Begeisterung. Mit erhobenem Kopf und wedelndem Schwanz trug sie stolz die Post oder die Zeitung vom Briefkasten ins Haus. Diese Momente brannten sich fest in mein Gedächtnis ein.

Der Höhepunkt eines jeden Tages war das gemeinsame Kuscheln auf der Couch. Meinen Atem dem meiner schlafenden Hündin anzupassen, ihr weiches Fell zu streicheln und die leichten Vibrationen ihres Schnarchens zu spüren – all das brachte mir einen tiefen inneren Frieden.

Später, nachdem Shira gestorben war, dachte ich oft daran zurück und war dankbar für diese geschenkte Zeit. Allerdings quälte mich die Frage: Hätte ich etwas anders gemacht, wenn ich gewusst hätte, dass uns nur noch zwei Monate bleiben würden? Ich hatte drei Jahre zuvor das Reisen und meine Wolfsforschung in Amerika aufgegeben, um ganz bei Shira zu sein. Mehr ging fast nicht. Hätte ich jede Sekunde an meiner Hündin kleben wollen, sie keinen Schritt mehr allein machen lassen? Vermutlich wäre ich ihr damit mächtig auf den Geist gegangen.

Allzu oft verlieren wir uns im Alltag, sind zu beschäftigt, um uns Zeit für unsere Hunde zu nehmen, mit ihnen spazieren zu gehen oder zu spielen. Wir nehmen ihre Geduld für selbstverständlich. Jetzt, wo Sie wissen, dass Ihre gemeinsame Zeit verrinnt, möchten Sie am liebsten alles anders machen. Aber was geschehen ist, ist geschehen. Es zählt die Zeit, die Sie jetzt mit Ihrem Liebling verbringen. Geben Sie Ihrem Hund größtmögliche Unterstützung, und passen Sie auch auf sich selbst auf. Nur wenn Sie stark, gesund und präsent bleiben, können Sie hundertprozentig für Ihr Tier da sein. Sie werden froh sein, dass Sie das getan haben, und es wird Ihr Leben über alle Maßen bereichern. Feiern Sie Ihr gemeinsames Leben. Es ist so einfach.

Zum Beispiel: Wenn Sie im Eiscafé sitzen, telefonieren Sie nicht und checken Sie nicht Ihr Smartphone. Genießen Sie stattdessen Ihr Eis, während Ihr Hund neben Ihnen liegt und die Menschen auf der Straße beobachtet. Ich habe es immer geliebt, Shira ein Bällchen Vanilleeis im Becher zu bestellen und zuzuschauen, wie sie mit geschlossenen Augen verzückt das Eis schleckte. Wenn Sie sich zu Hause auf der Couch entspannen, vergessen Sie die E-Mails oder nervige Whatsapp-Meldungen: Atmen Sie tief durch, streicheln Sie Ihren Hund und senden Sie ihm liebevolle Energie. Glauben Sie mir, nach seinem Tod werden Sie froh und dankbar sein, weil Sie Ihrem vierbeinigen Liebling diese besondere Art der Aufmerksamkeit geschenkt haben. Und etwaige Schuldgefühle, nicht genug Zeit miteinander verbracht zu haben, werden verschwinden. Denn Sie waren voll und ganz für Ihr Tier da, als es noch gelebt hat.

Mehr als zuvor saugte ich jeden Augenblick mit Shira in mich auf. Wir gingen spazieren und saßen an unseren Lieblingsplätzen. Wenn wir eng beieinander im Gras lagen und ich sie streichelte, entspannte sie sich. Die Kamera wurde mein ständiger Begleiter. Ich baute für uns beide ein Schloss aus Erinnerungen, die Räume konnte ich später betreten.

Von den Fotos und Filmen, die ich von ihr machte, sollte später ein Video besonders wichtig werden, als es darum ging, eine Entscheidung zu treffen. Irgendwann legte ich die Kamera zur Seite. Die letzten Erinnerungen werden in unseren Herzen geformt.

Die erste Seite des Bildteils zeigt zwei Fotos von Shira.

DIE VORBEREITUNG

Tiere in unserem Leben zu haben, ist sehr bereichernd. Wir lernen unglaublich viel von ihnen. Sie schenken vorbehaltlos Liebe, die niemals wankt, und lehren uns erstaunliche Dinge über uns selbst.

Im Laufe unseres Lebens sind wir vielleicht enge Begleiter von mehreren Hunden oder Katzen, und wir sind die Zeugen ihres Lebens und Sterbens. Diese Begrenztheit ihres Daseins ist die größte Tragödie und gleichzeitig das schönste Geschenk. Sie lehrt uns, dass wir nichts festhalten können und loslassen müssen. Je öfter dies geschieht und je mehr unser Herz in Scherben zerbricht, umso besser werden wir darin, die Bruchstücke aufzusammeln und zu einem neuen Herzen zu verschmelzen.

Macht es einen Unterschied, ob der Tod plötzlich und unerwartet eintritt oder langsam? Leiden wir beim schnellen Tod unseres Hundes weniger als bei einer langwierigen Krankheit, wenn jeden Tag ein Teil von uns stirbt?

Evelyn[1] hatte mit ihrem Hund Charly einen Termin beim Tierarzt und verfolgte besorgt, wie dieser den kleinen Terrierrüden mit gerunzelter Stirn abtastete und eine Röntgenaufnahme empfahl. Während Charly nach der Prozedur fröhlich in ihre Arme lief, eröffnete der Tierarzt seinem Frauchen, dass er einen Tumor und Metastasen entdeckt hatte. Die schockierende Diagnose: Krebs! Die Prognose: »Schwer zu sagen. Vielleicht ein paar Monate.« Als Evelyn nach Hause fuhr, fühlte sie nur noch eine große Leere.

Wenn unser Hund krank wird, ist die erste Reaktion, ihn retten zu wollen. Schließlich sind wir diejenigen, die für ihn die

Verantwortung tragen. Wir geben ihm Spezialfutter und Medikamente, entschließen uns vielleicht zu einer Operation, die ihm helfen soll. Wenn nicht wir die Kontrolle über sein Leben haben, wer dann? Zumindest sollten wir sie haben.

Evelyn war verzweifelt und rasend vor Wut. Der kleine Charly, ihr geliebter Seelenhund, würde an diesem furchtbaren Tumor sterben, den niemand hatte erahnen können. Warum? Hätte sie mehr für ihn tun können? Hätte sie merken müssen, dass ihr Hund so krank war? Als sie später mit ihrem Tierarzt darüber sprach, beruhigte der sie: »Unsere Haustiere sind biologisch darauf programmiert, Schmerzen zu verbergen. Sie können das meist nur erkennen, wenn Sie darauf trainiert sind, so wie wir Tierärzte.«

Evelyn dachte zurück an einen schönen Herbsttag, als Charly sie mit der Leine im Maul zum Spaziergang aufgefordert hatte. »Später!«, hatte sie gesagt, es war noch so viel zu tun. Die traurigen Augen ihres Hundes, als der sich wieder in seinen Korb legte, vergaß sie nie. Doch Schuldgefühle sind ebenso normal wie Trauer angesichts der Tatsache, dass wir bald Abschied nehmen müssen.

Wie soll es weitergehen? Nach meiner Erfahrung hilft es, wenn wir uns so gut wie möglich auf das Alter und den Tod unserer Tiere vorbereiten. Wenn wir wissen, was uns erwartet, können wir schon im Prozess des Abschiednehmens Heilung finden.

Die Natur hat den Körper eines jeden Lebewesens so eingerichtet, dass er sich ständig erneuert. Aber irgendwann hört er damit auf. Leben heißt sterben, und Lieben heißt loslassen. Wir müssen uns nicht nur darüber Gedanken machen und vorbereiten, wie wir leben, sondern auch wie wir sterben wollen.

Es macht keinen Unterschied, ob es Ihr erster Hund ist, den Sie verlieren, oder der zehnte. Ob es einer aus Ihrem Hunderudel ist oder Ihr einziger Liebling. Auch wenn er noch nicht am Ende seines Lebens angelangt ist, sollten Sie sich die Veränderungen bewusst machen, die eintreten werden. Gemeinsam haben Sie die Pubertät und das Flegelalter hinter sich gebracht. In den letzten Jahren haben Sie sich an die Bedürfnisse des Älterwerdens angepasst. Ihr Tagesablauf hat sich bereits verändert und wird es weiter tun.

Damit Sie Ihrem alten, kranken oder sterbenden Tier bestmögliche Unterstützung geben können, müssen Sie vor allem Ihre eigenen Gefühle verstehen und lernen, dass alle Gedanken, Empfindungen und seelischen Erschütterungen, die Sie nun überwältigen, völlig normal und gesund sind. Normal und gesund!

Shira war noch nicht tot. Dennoch trauerte ich schon massiv um sie. Es ist paradox, dass ich immer dann, wenn es ihr gut ging und sie entspannt schlief, von Wellen des Schmerzes und von Schuldgefühlen überschwemmt wurde. Hätte ich nur mehr Zeit mit ihr verbracht, noch weniger gearbeitet oder vermeintlich wichtige Dinge erledigt! Mir schien, als ob mir nach meinem ganzen langen Leben erst jetzt bewusst wurde, was wirklich zählt. Jeder Schicksalsschlag bringt uns dazu, über den Wert, ja die Kostbarkeit des Lebens nachzudenken. Natürlich empfinden wir so bei jedem Verlust und nehmen uns vor, beim nächsten Tier alles anders zu machen. Aber irgendwann sind wir doch wieder im Hamsterrad. Das ist der Kreislauf des Lebens und gehört mit zum Trauerprozess, der schon lange vor dem eigentlichen Tod beginnt.

Wenn Ihnen bewusst wird, dass Ihnen nur noch wenig Zeit mit Ihrem Tier bleibt, wird Ihre Welt zusammenbrechen und Sie in ein Chaos stürzen. Extreme Gefühle von Angst, Traurigkeit und Wut werden sich abwechseln mit völliger Rat- und Hilflosigkeit. Ihr Leben wird sich so komplett verändern, wie Sie es sich niemals hätten vorstellen können. Nichts wird mehr sein, wie es war. Um diese Zeit großer emotionaler Belastung zu überstehen und gestärkt in Liebe daraus hervorzugehen, hilft es, zu wissen, was auf Sie zukommt und wie Sie damit umgehen können. Ich weiß, Sie würden das gerne wegschieben und verdrängen. Auch ich hätte mich lieber nicht damit beschäftigt, aber die Realität ließ sich nicht leugnen. Ich musste sie akzeptieren und das Beste daraus machen.

Medizinisch schöpfte ich alle Behandlungsmöglichkeiten aus. Zur Seite stand mir ein großartiges Team von Fachleuten. Meine Tierärztin nahm sich stets viel Zeit für Shira und mich. Und eine Hunde-Physiotherapeutin konnte das Leben meiner Hündin durch Massagen, Laserakupunktur und mit Bewegung auf dem Unterwasserlaufband um einige Zeit verlängern und vor allem schmerzfrei machen. Nach jeder Behandlung bei ihr schlief Shira entspannt und tief. Das gab mir das beruhigende Gefühl, alles für sie getan zu haben, was möglich war, und half, meine Schuldgefühle in die richtige Perspektive zu rücken. Dass ich mir das alles finanziell leisten konnte, verdanke ich auch Ihnen, die Sie meine Bücher gekauft haben. Ich betrachte dies als großes Geschenk, für das ich sehr dankbar bin.

Besonders schwer waren die Nächte, in denen mein altes Mädchen hechelnd und mit eingeklemmtem Schwanz im Haus umherlief. »Zwangswandern« nannte es die Tierärztin und verschrieb Tabletten. Doch es wurde immer schwieriger, das passende Medikament und die richtige Dosis zu finden. Shira reagierte häufiger mit Durchfall, auch in der Wohnung. Wenn ich vom Einkaufen zurückkam, fand ich die Spuren und einen irritierten und unglücklichen Hund. Still wischte ich alles weg und nahm sie tröstend in den Arm.

Dann fiel es Shira zunehmend schwerer, aufzustehen oder sich hinzulegen. Mit großen flehenden Augen sah sie mich an, und ich wusste, was sie sagen wollte. Vielleicht konnte ich ihr Leben mit weiteren Medikamenten und Prozeduren um ein paar Tage oder Wochen verlängern. Aber sie hatte recht, jetzt war es genug. Ich wollte nicht, dass sie weiter litt. Ich konnte nichts mehr für sie tun und sie nicht für mich. Dieses wunderbare liebevolle Lebewesen sollte die Welt auf würdevolle Weise verlassen. Ich beschloss, sie gehen zu lassen. Ihr Tod würde eine Befreiung für sie sein.

Shira hatte ein gutes Hundeleben gehabt und jeden einzelnen Tag mit den Menschen, die sie liebte, und mit ihren tierischen

Freunden verbracht. Dieser Gedanke war ein großer Trost. Ich wollte mich auf die schönsten Seiten unseres Lebens konzentrieren, auf die Liebe, die Treue und die Freude. So würde ich mich immer an dieses besondere Geschöpf erinnern.

Ich begann, Vorbereitungen für Shiras Tod zu treffen. Es ist eine traurige Erfahrung, die niemand machen will. Ich wusste aber, dass mir die Bereitschaft, mich dem Verlust zu stellen, helfen würde. Das hatte ich schon bei Lady, Shiras Vorgängerin, erlebt. Es half mir, das Durcheinander in meinem Kopf auszublenden und ganz für meine Hündin da zu sein.

Das Letzte, worüber Sie wahrscheinlich nachdenken wollen, ist, wie Sie sich auf das Sterben Ihres Hundes vorbereiten können. Was Sie erleben, ist eine der tiefgreifendsten Erfahrungen für jeden Tierbesitzer. Ihre Gefühle der persönlichen Trauer werden unglaublich stark sein, wenn der letzte Tag im Leben Ihres Tieres kommt. Jetzt müssen Sie für Ihren Freund da sein. Vielleicht hat er Schmerzen und Angst, denn er sieht und fühlt, wie Sie sich verändern. Konzentrieren Sie sich ganz auf ihn und seine Bedürfnisse. Sie werden erstaunt sein, wie stark Sie sein können, wenn Sie Ihrem Tier beistehen.

Nun sollten Sie auf die Trauer, die Notfälle und die herausfordernden medizinischen Entscheidungen, die auf Sie zukommen, vorbereitet sein. Das ist das Beste, was Sie für Ihr Tier tun können, und es gibt Ihnen Ihren Seelenfrieden wieder.

Selbstfürsorge

Ich hatte den Fehler gemacht, mir in der Sorge um Shira zu viel abzuverlangen. Meine Arbeit litt. Ich konnte mich nicht mehr auf das Schreiben konzentrieren, musste Manuskriptabgabetermine verschieben. Hinzu kam die Corona-Pandemie, die keine Kontakte mit Freunden zuließ. Ich trieb keinen Sport mehr und ernährte mich ungesund. Der Schmerz, meinen Hund bald zu verlieren, war mehr, als ich ertragen konnte. Meine Hausärztin diagnostizierte schließlich einen bevorstehenden Burn-out. So konnte ich Shira nicht helfen, geschweige denn mir selbst. Ich verstand, dass ich mich auch um mich selbst kümmern musste, um genug Kraft für den Alltag und für meine Hündin zu haben.

Ich erinnerte mich an meine Zeit als Stewardess. Vor dem Start mussten wir die Funktionsweise der Sauerstoffmasken erklären. Die Ansage, die ich heute noch in mehreren Sprachen flüssig aufsagen kann, lautete: »Bei einem eventuellen Druckverlust in der Kabine fallen aus den Fächern über Ihren Sitzen automatisch Sauerstoffmasken heraus. Ziehen Sie eine der Masken ganz zu sich herunter und pressen Sie sie fest auf Mund und Nase. Danach helfen Sie Kindern und hilfsbedürftigen Personen.«

Danach helfen Sie … Ein kleines, aber lebenswichtiges Wort.

In einem Notfall, ob im Straßenverkehr, auf der Arbeit oder zu Hause, hat die eigene Sicherheit Priorität. Nicht aus Egoismus, im Gegenteil! Im Erste-Hilfe-Kurs lernen Sie, zuerst Ruhe zu bewahren und sich einen Überblick zu verschaffen. Nur dann sind Sie in der Lage, zu helfen. Es sind einfachste Grundregeln, die überall im Leben gelten, vor allem, wenn wir dazu neigen, wegen des Leidens unserer Tiere in Panik zu geraten.

Dass wir unseren Hund auf seinem Weg unterstützen, ist wichtig. Aber es ist auch unerlässlich, dass wir uns um uns selbst kümmern. Natürlich neigen wir dazu, jetzt rund um die Uhr mit unserem Tier zusammen sein zu wollen, weil wir nicht wissen, wie viel gemeinsame Zeit uns noch bleibt. Das ist eine normale Reaktion. Aber es nützt niemandem, wenn wir ausgebrannt sind, wenig essen oder schlafen. Je gesünder wir sind, desto besser können wir für den Hund sorgen, der uns braucht.

Mitgefühl ist keine unerschöpfliche Quelle, es sei denn, man findet einen Weg, sie wieder aufzufüllen. Wenn man sich lange um ein sterbendes oder leidendes Tier kümmert, kann es geschehen, dass man an einer Art »Mitleidsmüdigkeit« erkrankt. Diese *Compassion Fatigue* ist definiert als eine »Kombination von körperlicher, emotionaler und spiritueller Erschöpfung, die bei der Pflege von Menschen mit erheblichem emotionalem Schmerz und physischem Stress verbunden ist«[2]. Unbehandelt kann sie zu Burn-out und Depressionen führen.

So konnte es nicht weitergehen. Ich musste mich mehr um mich selbst kümmern. Ich plante »hundefreie« Zeiten für mich ein und versuchte, dies ohne Gewissensbisse zu tun. Bei Massagen konnte ich gut abschalten. Treffen mit Freundinnen zum Cappuccino lenkten mich ebenso ab wie ein gutes Buch und eine Tasse Tee. Ich achtete auf einen regelmäßigen Tagesablauf und guten Schlaf – soweit mir das bei den Sorgen möglich war. Ich fing wieder an, Sport zu treiben. Am meisten half mir Beten.

Ich nahm mir viel Zeit, um mit Shira zu reden. Während ich ihr in die Augen sah und sie streichelte, versuchte ich, ruhig zu werden und mich zu entspannen.

»Danke!«, sagte ich ihr. »Danke für alles, was du mir im Leben geschenkt und für mich getan hast. Danke, dass du dein Leben mit mir geteilt hast. Danke, dass du mich geliebt hast und dass auch ich dich lieben durfte.«

Ich versicherte ihr, dass es okay für mich ist, wenn sie sterben möchte. »Es wird mir das Herz zerreißen, und ich werde unendlich traurig sein, wenn du nicht mehr bei mir bist, aber irgendwann wird es mir wieder gut gehen.«

In solchen Momenten fühlte ich mich ihr besonders nah. Das war extrem heilend.

War es für mich wirklich okay, dass sie starb? Zum Teufel, nein! Ich war verzweifelt und wütend ohne Ende. Wie konnte mir Gott nur einen solchen wunderbaren Hund wegnehmen? Aber das Wichtigste war, dass Shira wusste, dass es mir auf Dauer gutgehen würde.

DIE ENTSCHEIDUNG

Irgendwann in unserem Leben entscheiden wir uns für einen Hund. Dann wachsen wir zusammen. Gemeinsam wachen wir am frühen Morgen auf, frühstücken und drehen die erste Gassirunde. Wir gehen miteinander durch den Tag und schlafen abends zusammen ein. Wir bauen eine lebenslange Beziehung auf. So sollte es zumindest sein. Krankheit und Tod sind nicht eingeplant.

Manchmal haben wir Glück. Unser alter Hund ist grundsätzlich gesund, aber er wird immer langsamer und stirbt eines Nachts schmerzlos im Schlaf. Wir wachen morgens auf, und er liegt still neben uns und atmet nicht mehr. Gesegnet ist auch der, dessen Hund in seinen Armen friedlich für immer einschläft. Der natürliche Tod eines Tieres hat etwas Elementares, ja, sogar Schönes an sich. Wenn ein Haustier so stirbt, bewahrt es uns vor den quälenden Zweifeln und Schuldgefühlen, die mit dem Entschluss einhergehen können, es einzuschläfern, um ihm Leiden zu ersparen.

Häufiger jedoch ist der Hund, den wir lieben, krank und leidet. Wir werden eine Entscheidung treffen müssen, und sie wird sich in jedem Fall falsch anfühlen, egal, wie sie ausfällt. Wir quälen uns mit dem Gedanken, dass der Tod doch »eigentlich« nicht auf einem menschlichen Entschluss beruhen, sondern ohne unser Zutun natürlich geschehen sollte.

Die Entscheidung, ein Tier sterben zu lassen oder einzuschläfern, ist ebenso zutiefst moralisch, wie sie persönlich und schwierig ist. Wir müssen nicht nur mit dem Verlust umgehen, sondern auch mit der Ungewissheit, ob wir das Richtige tun. Diese Frage können nur wir selbst beantworten. Der Tod unseres tierischen Lebensgefährten, mit dem wir ein Leben lang verbunden waren, ist ein intimer, unausweichlicher Teil der Mensch-Hund-Beziehung. Niemand kann ihm entkommen.

Der Zeitpunkt

Alle meine Hunde hatten ein langes, gutes Leben bis zuletzt. Dennoch quälten mich bei jedem Tod Schuldgefühle. Was hätte ich anders, besser machen können? Hatte ich bei Klops zu früh losgelassen und bei Lady zu lange festgehalten? War die Entscheidung, Shira gehen zu lassen, bevor ihre Schmerzen unerträglich wurden, richtig oder zu früh? Gibt es überhaupt einen »richtigen« Zeitpunkt?

Eines Tages werden wir uns diese Fragen stellen müssen. Niemand will diese Entscheidung zur falschen Zeit treffen. Dennoch ist sie von großer Bedeutung.

An erster Stelle steht das Gespräch mit einem Tierarzt Ihres Vertrauens. Tierärzte haben täglich mit dem Verlust von Haustieren zu tun. Sie sind sachkundig, mitfühlend und hilfsbereit. Sie sind dafür ausgebildet, Leben zu retten. Daher bieten sie oft zuerst Optionen an, die das Tier am Leben erhalten. Aber wenn Sie ihnen die Gelegenheit dazu geben, werden sie meist auch offen über Euthanasie sprechen, wenn sie das Gefühl haben, dass es an der Zeit ist.

Dies sind einige der Fragen, die Sie gemeinsam erörtern sollten: Hat mein Hund starke Schmerzen? Wie hoch ist seine Lebensqualität? Kann er noch ein »normales« Hundeleben führen? Hat er seine Körperfunktionen nicht mehr unter Kontrolle und verliert seine Würde?

Am Ende ist es allein Ihre Entscheidung. Nach allem, was ich heute weiß, würde ich für mich sagen: lieber zu früh als zu spät. Wir müssen die Liebe zu unserem Hund über unseren eigenen Schmerz stellen.

Die Kosten

Ja, leider müssen wir auch über die Kosten sprechen. Wir alle wissen, dass wir nicht klar denken und rational kalkulieren können, wenn unser Tier schwerkrank ist oder im Sterben liegt.

Viele Menschen finden sich dann in einer Tierarztpraxis wieder und treffen teure Entscheidungen über Therapien oder Medikamente, weil sie glauben, nur so die Liebe zu ihrem Tier beweisen zu können. Eine Freundin erzählte mir, dass sie mehr als den Wert eines Kleinwagens für eine Reihe von Operationen für ihren Hund ausgegeben hatte. Für viele Tierhalter gibt es keine Obergrenze. Alles zu geben, ist für sie ein Zeichen ihrer Liebe.

Ich habe in Shiras letztem Lebensjahr zwischen vier- und fünfhundert Euro monatlich ausgegeben für Tierarzt, Physiotherapie, Spezialfutter, Medikamente etc. Dass ich mir das leisten konnte, darüber bin ich sehr froh. Aber was, wenn nicht?

In diesem Zusammenhang empfehle ich dringend, sich über eine Tier-Krankenversicherung, insbesondere eine OP-Versicherung zu informieren, die bei einer notwendigen teuren Operation die Kosten übernimmt.

Finanzen sind ein schwieriges Thema, wenn es um Leben und Tod geht. Natürlich würden wir das letzte Hemd für unseren Hund hergeben. Aber wollen oder können wir wirklich unsere Liebe zu ihm in Geld messen? Darüber habe ich viel mit anderen Tierbesitzern gesprochen. Wohnungslose oder Rentner mit kleinem Einkommen, deren einziger Halt ihr Hund ist, können eine tierärztliche Behandlung oft nicht finanzieren. Lieben sie ihn deshalb weniger? Ist es ethisch oder angemessen, viel Geld für einen Hund auszugeben, während überall Menschen leiden?

Ich empfehle Ihnen, dass Sie sich schon *vor* der Anschaffung eines Tieres Gedanken machen, wie viel Geld Sie bereit sind auszugeben, um sein Leben zu verlängern oder zu retten. Wie weit wollen Sie fahren für eine Dialyse? Wie viel Geld können Sie für eine Chemo- oder Strahlentherapie bezahlen? Wie weit wollen Sie das Leben Ihres Hundes verlängern? Es ist völlig in Ordnung, wenn Sie Ihr Auto oder den Großbildfernseher verkaufen, um eine Operation zu bezahlen. Aber genauso ist es auch okay, zu sagen, dass Sie sich das nicht leisten können oder sich nicht verschulden wollen. Es steht niemandem zu, Ihnen vorzuschreiben, was das Beste für Sie und Ihr Tier ist.

Aber was auch immer Sie beschließen: Warten Sie nicht bis zur letzten Minute. Denn dann werden Sie nicht mehr in der Lage sein, beim Tierarzt eine rationale Entscheidung über rasch notwendige komplexe und teure medizinische Behandlungen zu treffen. Ich gehe einmal davon aus, dass Sie eine Patientenverfügung für sich selbst gemacht haben. Tun Sie das auch für Ihren Hund oder Ihre Katze.

Natürlich möchte niemand, der einen wuseligen Welpen im Arm hält, auch nur eine Sekunde über dessen Tod nachdenken. Dennoch wird es Ihnen später eine große Hilfe sein. Bei Lady hat es mir sehr geholfen, dass ich mir immer wieder einmal im Laufe ihres Lebens Gedanken über ihren Tod gemacht habe. Eines war mir besonders wichtig: Sie sollte zu Hause und in meinen Armen sterben und nicht, wie zuvor Klops, in einer Tierarztpraxis.

Die Schuldgefühle

Entscheidungen im Namen unserer Tiere zu treffen, ist das Schmerzhafteste und Liebevollste, was wir tun können, besonders, wenn es um das Ende ihres Lebens geht. Wir tragen die Verantwortung dafür, dass unser Hund während eines Krankheitsprozesses und in seinen letzten Momenten nicht leiden muss.

Obwohl es ungeheuer schwer ist, sollten solche Entscheidungen auf der Überlegung basieren, was das Beste für das *Tier* ist, nicht für uns selbst. Viele Tierhalter fühlen sich immens schuldig, wenn sie glauben, dass sie Schmerzen oder Leiden verlängert haben, um mehr Zeit mit ihrem Liebling zu verbringen. Natürlich wollen wir nicht loslassen, selbstverständlich wollen wir so lange wie möglich mit unserem Hund zusammenbleiben. Sein Leben ist so verdammt kurz! Machen Sie sich jedoch bewusst, dass es nicht um die Dauer, sondern um die Qualität der gemeinsam verbrachten Zeit geht, egal wie lang oder kurz sie gewesen sein mag.

Schuldgefühle sind keine tierische, sondern ausschließlich eine menschliche Emotion. Hunde sind nicht so komplex wie wir. Ihnen fehlen viele unserer zerstörerischen Charaktereigenschaften: Neid, Bosheit, Gier, Gewaltbereitschaft, Verachtung für die Umwelt, Verschwendungssucht. Tiere nutzen das, was sie brauchen, und lassen den Rest zurück. Sie kennen weder Rache noch Hass – und auch keine Schuld. Hunde fühlen sich nicht schuldig, weil sie das Steak vom Tisch gestohlen oder das Bett in Beschlag genommen haben. Sie machen sich keine Vorwürfe, wenn sie Fehler machen. Bellos *Der-weiß-genau-was-er-gemacht-hat*-Blick stammt nur daher, weil er von uns geschimpft wurde und aktuell wieder damit rechnet.

Hunde akzeptieren ihr eigenes Schicksal. Sie wundern sich nicht über die Realitäten des Lebens. Sie geben anderen Lebewesen nicht die Schuld für ihr Leiden, ihre Probleme oder ihren Tod. Sie nehmen uns nicht übel, dass wir keine Wunder vollbringen können. Sie sind nicht nur einfacher gestrickt, sondern auch so viel weiser als wir.

Schuld ist eine giftige Emotion, die in der hingebungsvollen Beziehung zwischen Mensch und Tier fehl am Platz ist. Sie zerstört etwas Wunderschönes. Wir lieben und kümmern uns um unsere Tiere, und sie lieben uns vorbehaltlos zurück. Sie beschützen uns, leisten uns Gesellschaft und berühren unser tiefstes Inneres. Sie kommen in unser Leben und gehen, wenn sie müssen.

Schuld ist an Entscheidungen gebunden. Je mehr Beschlüsse wir über den Tod unserer Hunde und Katzen fassen, umso wahrscheinlicher fühlen wir uns deswegen schuldig. Hätten wir neue Medikamente ausprobieren sollen? Eine weitere Operation? Mehr Geld ausgeben? Es bei einem anderen Tierarzt versuchen? Abwarten?

Das ist die einsame Wahrheit: Es gibt niemanden auf der Welt, der uns sagen kann, ob wir das Richtige getan haben. Wir müssen uns selbst davon überzeugen.

Schieben Sie die Schuldgefühle beiseite und erinnern Sie sich daran, dass Sie das Beste getan haben, was Sie tun konnten, basierend auf allen Informationen, die Sie hatten. Sie waren verantwortungsbewusst. Sie haben Ihr bestes Urteilsvermögen eingesetzt.

Das macht den Entschluss sicher nicht leichter, aber es ist wichtig, sich nicht dafür zu verurteilen. Tiere schieben niemandem die Schuld zu. Sie hegen keinen Groll, sondern vertrauen darauf, dass wir das Beste für sie tun. Sie legen uns täglich ihre Pfoten in die Hand, lehren uns, was es bedeutet, bedingungslos zu lieben und im Augenblick zu leben. Das Mindeste, was wir tun können, ist, diese Liebe zu erwidern.

Schauen Sie also nicht mehr zurück, quälen Sie sich nicht und zweifeln Sie nicht an sich selbst. Konzentrieren Sie sich stattdessen auf die vielen Dinge, die Sie Ihrem Hund oder Ihrer Katze gegeben haben, und auf alles, was er oder sie Ihnen geschenkt hat. Die Spaziergänge. Die Zuneigung. Die Verbindungen zu anderen Menschen. Die Erfahrung, gemeinsam durch das Leben zu gehen. Das, nicht Schuld oder Bedauern, ist das Vermächtnis Ihres Tieres.

Seien wir ehrlich zu uns selbst: Im Grunde unseres Herzens wissen wir, wann es so weit ist, auch wenn wir es nicht wahrhaben wollen.

Ich sprach mit vielen Menschen, die Shira kannten: mit der Tierärztin, ihrer Physiotherapeutin, mit Freunden. Letztendlich musste ich die schwerste Entscheidung meines Lebens dennoch alleine treffen. Eine Liste mit Pros und Kontras für Leben oder Tod meiner Hündin sollte mir helfen. Gleichzeitig fühlte ich mich so mies, als wollte ich Gott spielen.

Tage zuvor war Shira auf unseren Spaziergängen noch einmal richtig aufgelebt, war herumgerannt wie in ihren jungen Jahren, um dann abends wieder schmerzgeplagt und mit weit aufgerissenen Augen durch das Haus zu laufen. Meine wahnsinnige Hoffnung auf mehr Zeit verpuffte jedes Mal in tiefstem Mitgefühl und Trauer. Später habe ich erfahren, dass ein solches »Aufleben« oft ein Zeichen für den nahen Tod ist. Unser Hund bündelt noch einmal seine Lebensenergie, um uns so (vielleicht) Lebewohl zu sagen.

Um mir bei der Entscheidung über Shiras Leben sicher zu sein, drehte ich an einem der letzten Abende ein kleines Video. Es zeigte, wie sie mit eingeklemmtem Schwanz ruhelos und hechelnd auf mich zulief und mich mit flehenden Augen ansah. Ich schickte den Film an meine Tierärztin und an wenige gute Freunde und bat um ihre ehrliche Meinung. Sie alle bestätigten mir, dass es Zeit wurde, Abschied zu nehmen. Meine Gefährtin litt. Das Video hat mir sehr geholfen. Auch heute, wenn mich wieder einmal Schuldgefühle quälen, schaue ich mir den Film an und weiß, dass ich den richtigen Zeitpunkt gewählt habe.

Ich kannte die Meinung der Experten. Niemand konnte mir die Entscheidung abnehmen, noch nicht einmal Shira selbst. Ich fühlte, dass sie bereit war, wirklich wissen konnte ich es allerdings nicht. Ich setzte mich zu ihr und streichelte ihr weiches Fell. Als sie mich ansah, stellte ich diesen besonderen Augenblick nicht mehr infrage, sondern vertraute der einzigartigen Beziehung, die ich mit ihr hatte und die auf Vertrauen und gegenseitigem Respekt basierte. Ich war ihre Familie und für sie verantwortlich von dem Augenblick an, an dem sie ihre Pfoten in mein Haus und mein Herz gesetzt hatte.

Dieses Band zwischen uns und unseren Tieren ist anders als unsere Verbindung mit Freunden und Familienmitgliedern. Unsere Hunde und Katzen vertrauen darauf, dass wir die besten Entscheidungen für sie treffen, basierend auf dem Leben, das wir gemeinsam verbracht haben.

Shira hat eine bedeutende Rolle in meinem Leben gespielt. Wir haben Abenteuer, Emotionen und Leidenschaften geteilt. Sie hat mich mit der Natur verbunden, und ihre offene, labradortypische Freundlichkeit hat das Herz fast jedes Zweibeiners erwärmt, den wir getroffen haben. Außerdem war sie mein täglicher Fitnesstrainer, der mich gesund hielt, indem sie nie aufgab, mich darauf hinzuweisen, dass es Zeit für einen Spaziergang war.

Shira lehrte mich die Freuden des Lebens und warum es besser ist, sich für das Glück zu entscheiden, als sich mit Unwichtigem zu beschäftigen. Sie brachte mich zum Lachen, spielte mit mir und ermutigte mich dazu, das Leben etwas weniger ernst zu nehmen. Täglich bot sie mir Nähe und einen Körperkontakt, der einzigartig und persönlich war.

Meine Hündin begleitete mich sowohl bei den größten Abenteuern als auch bei kleinsten alltäglichen Aufgaben. Sie hörte sich meine ganz privaten und vertraulichen Geheimnisse an, die sonst niemand kannte. Wir teilten etwas, was nur wir beide wirklich verstanden.

Und jetzt war die Zeit gekommen, loszulassen. Festhalten ist keine Liebe. Hunde und Katzen sind nicht in unser Leben getreten, um zu leiden oder um über ihre Zeit hinaus bei uns zu bleiben. Jeder Tierarzt kann traurige Geschichten erzählen von Tieren, die tagelang, ja, monatelang leiden, mit Schmerzen kämpfen, nach Luft ringen, verwirrt und ängstlich sind – alles nur, weil die Besitzer nicht loslassen können. Hunde kommen und gehen aus ihren eigenen Gründen, zu ihrer eigenen Zeit. Ich kann das jetzt, da ich älter bin und leider schon öfter zwei- und vierbeinige Familienmitglieder und Freunde verloren habe, besser akzeptieren.

Als ich bereit war, Shira gehen zu lassen, überfluteten mich Gefühle von Schuld, Trauer und Verlust. Doch ich beschloss, ihren Tod als eine Befreiung für sie zu sehen. Sie war frei zu gehen. Ich stellte mir vor, wie sie am Strand durch den Sand ins Meer lief und dort eins mit ihm wurde.

Während ich um Shiras bevorstehenden Tod trauerte, wurde mir bewusst, dass ich nicht allein war. Jeder von uns hat jemanden verloren, den er geliebt hat: einen Hund, Katze, Pferd. Einen Vater, Mutter, Partner, Freund, Schwester, Bruder oder Kind. Der Tod ist nicht nur ein Ende, sondern auch ein Anfang, ein Teil des Lebens. Man betrauert, was man liebt, und man liebt, was man betrauert.

Mein Leben mit Shira war wunderbar von Anfang bis Ende. Es war ein Geschenk, so wie auch ihr Tod. Ich nahm mir vor, ihr Leben nicht in ein Lamento zu verwandeln, sondern es zu feiern. Ich war dankbar für die Gnade, ihr die Art von Tod geben zu können, die sie verdient hatte.

DER LETZTE TAG

Nun, da die traurige Entscheidung gefallen war, traf ich letzte Arrangements für Shiras Tod. Das half mir, meine Gedanken zu fokussieren, um am Ende frei zu sein für den finalen Akt der Liebe.

Ich erzählte allen, die Shira nahestanden, dass sie mich bald verlassen würde. Familienmitglieder und gute Freunde kamen, um sich zu verabschieden. Es gab Tränen im Überfluss, aber kaum Worte, die meinen Schmerz zu lindern vermochten. Dennoch fühlte ich mich unterstützt. Bei der eigentlichen Euthanasie jedoch wollte ich mit meiner Hündin allein sein.

Mit meiner Tierärztin vereinbarte ich einen Termin: in zwei Tagen um halb neun morgens. Für zwölf Uhr, vier Stunden später, buchte ich einen Termin in einem Krematorium, wo meine tote Hündin eingeäschert werden sollte. Den Ablauf besprach ich vorab mit dem Personal. Ich wollte sie selbst vorbeibringen und dabei sein.

Auch das hatte zu meiner Vorbereitung gehört. Was wollte ich mit dem Körper meiner Hündin machen?[3] Meinen ersten Hund Klops musste ich beim Tierarzt lassen. Lady ist in meinem Garten begraben. Shira wollte ich einäschern lassen, um sie später mitnehmen zu können, wenn ich einmal umziehen würde.

Zuvor hatte ich recherchiert, bei welchem Tierkrematorium ich bei der Feuerbestattung direkt anwesend sein durfte. Ich wollte ihre Kremierung weder durch eine Videokamera, noch hinter einer Glasscheibe sehen. Es gab nur zwei Krematorien in Deutschland, die die direkte Anwesenheit des Tierbesitzers bei der Einäscherung erlaubten. Eines davon war in Homberg/Ohm, etwa vierzig Minuten Autofahrt von mir entfernt. Dort hatte ich einen Termin.

Es mag befremdlich klingen, dass ich im Angesicht des Todes und inmitten von tiefem Schmerz so organisiert sein konnte. Geholfen hat mir dabei, dass ich mich seit Längerem intensiv auf diesen Tag vorbereitet hatte. Ich empfand es als große Gnade und ein Geschenk, loszulassen und jetzt ganz für meine Hündin da zu sein.

Wenn Sie zweifeln, ob Sie bei der Einschläferung dabei sein können, dann flehe ich Sie an: Lassen Sie Ihren Hund in diesem letzten Moment seines Lebens nicht im Stich. Ich weiß, dass das für viele von Ihnen sehr schmerzhaft sein kann, und ich verstehe Ihre Angst. Aber es geht hier nicht um Sie, sondern allein um Ihr Tier, das ein Leben lang in bedingungsloser Liebe für Sie da war. Nun müssen Sie für es da sein. Das schulden Sie ihm. Aus ganzem Herzen versichere ich Ihnen, dass Ihre Liebe größer sein wird als Ihre Angst vor dem Schmerz. Es ist Zeit, das Wohlbefinden Ihres Tieres über Ihr eigenes zu stellen, ihm zu helfen, Abschied zu nehmen. Das ist das letzte Geschenk, das Sie ihm geben können.

Leb wohl, Shira

25. August 2020. Shiras letzter Tag auf diesem Planeten präsentierte sich in all seiner Schönheit. Die Sonne schien, es war angenehm warm. Die Hitze des Sommers war endlich vorbei. Wir machten unsere vertraute Runde, wobei Shira immer wieder in ihren Hundebuggy stieg. Sie war zu müde zum Laufen, genoss es aber, in der Natur zu sein. Ich ging langsam, achtsam, bewusst. Jeden Moment dieses Tages auskostend, in mich aufsaugend. Es war ein Abschied, und wer selbst ein geliebtes Lebewesen verloren hat, ob Mensch oder Tier, weiß, wie ich mich gefühlt habe.

Mein Leben bestand in den letzten Wochen nur aus Rückblicken und Dankbarkeit. Shira als Welpe, ihre absolute Wasserbesessenheit, unsere vielen Reisen. Besonders aber dachte ich an die vergangenen vier Jahre, in denen ich alles aufgegeben hatte, um bei meiner kranken und alten Hündin zu sein. Ich wollte jede Minute mit ihr genießen, und das war die beste Entscheidung meines Lebens.

Erneut wurde mir bewusst, dass am nächsten Tag um dieselbe Zeit meine Hündin tot sein würde. Wichtig war jetzt nur noch, im Augenblick zu leben. Manchmal stieg Shira aus dem Buggy aus und humpelte fröhlich eine Weile nebenher. Leben und Tod so nah beieinander. Hoffnung und wieder Zweifel. Vielleicht könnte ich ihren Tod doch noch herauszögern? Aber ich wusste, dass die schlechten Augenblicke überwogen. Sie sollte diese Welt nicht unter Schmerzen verlassen. Das Letzte, was sie erlebte, war dieser schöne Tag.

Als ich vom Spaziergang nach Hause kam, stellte ich Klingel und Telefon ab und verbrachte den Tag damit, meine Hündin zu lieben. An viele Einzelheiten dieses Tages kann ich mich im Nachhinein nicht mehr erinnern. Nur, dass ich jedes Gefühl stärker und intensiver als je zuvor erlebte.

Was überwog, war die unendliche Dankbarkeit, die ich empfand. Wir, die wir mit Tieren leben oder gelebt haben, sind vom Schicksal gesegnet mit einer vorbehaltlosen Liebe jenseits unseres Verständnisses. Oft nehmen wir dies für selbstverständlich. Erst wenn etwas passiert, klammern wir uns verzweifelt an das Leben, und uns wird bewusst, wie sehr wir lieben.

Ich habe viel, für das ich dankbar sein kann. Selten habe ich in den letzten stürmischen Monaten lange genug innehalten können, um Danke zu sagen für die Liebe, die Shira mir geschenkt hat. Sie sterben zu sehen, war unerträglich traurig. Aber ich musste tapfer sein für sie. Sie brauchte mich jetzt.

26. August 2020. Wie schon Lady wollte ich auch Shira in ihrer vertrauten Umgebung sterben lassen. Ihre Tierärztin, die sie schon lange betreute und auch für mich in dieser Zeit eine gute Freundin geworden war, würde ihr dabei helfen.

Als sie an der Haustür klingelte, war sie erschreckend pünktlich. Warum zur Hölle verspätete sie sich nicht, stand im Stau oder hatte eine Autopanne? Das hätte mir noch einen kleinen Aufschub gewährt – aber am Ende doch nichts an dem Unvermeidlichen geändert.

Shira lag entspannt auf ihrer Decke im Wohnzimmer. Ich hatte sie den ganzen Morgen schon mit Leberwurst und Leckerlis verwöhnt. Ihre Schwanzspitze bewegte sich leicht, als sie ihre Tierärztin erkannte, die sich neben sie kniete und sie streichelte. Ich nahm Shiras Kopf in den Schoß. Alle zusammen waren wir eingehüllt in eine Wolke von Liebe und tiefem Frieden.

Shira sah zu mir auf. Ich lächele sie an, küsse sie und sage: »Danke! Ich liebe dich.« Wie froh bin ich, dass das Letzte, was sie in diesem Leben sah, mein Gesicht war, etwas, an dem sie sich immer orientiert und Halt gefunden hatte.

Die Tierärztin legte ihr einen Zugang in die Vene und spritzte ihr Valium, gefolgt vom Narkosemittel und zum Schluss der Überdosis. Dann hörte meine große Hundeliebe einfach auf zu atmen, während mein Herz in tausend Stücke zerbrach.

Die nächsten zwei Stunden verbrachte ich wie ein Zombie. Ich hielt Shira noch eine Weile im Arm und nahm Abschied von ihrer körperlichen Hülle. Ihr Geist würde immer bei mir sein. Eine Freundin half mir, sie ins Auto zu tragen, dann fuhr ich zum Krematorium.

Als ich vor fünfzehn Jahren den kleinen weißen Labrador-Welpen zum ersten Mal im Arm hielt, hatte ich dem Hundebaby versprochen, immer für es da zu sein – bis zur letzten Sekunde. Dieses Versprechen löste ich nun ein.

Die sehr freundlichen Mitarbeiter des Krematoriums ließen mir jede Menge Zeit, um von meiner Hündin Abschied zu nehmen.

»Bringen Sie ihre Lieblingsdecke mit«, hatten sie mir am Telefon gesagt, als wir die Einzelheiten besprachen. Darin hüllten sie Shira nun ein und legten sie auf einen Metallwagen.

2020 war nicht nur das Jahr, in dem Shira starb, es war das Jahr, in dem Corona die Welt veränderte – sogar Shiras Einäscherung. Ich schob die Gesichtsmaske, die ich tragen musste, unter mein Kinn und küsste die kleine weiche Kuhle unter ihrem Auge, die jetzt so kalt war. Zum letzten Mal sagte ich ihr, wie sehr ich sie liebe, und schloss diesen Augenblick tief in mein Herz ein. Die Maske, die ich vorschriftsmäßig wieder hochzog, war mein Visier. Sie schützte mich nicht nur in der Pandemie, sondern auch vor … ja, vor was eigentlich? Davor, dass mein unsagbarer Schmerz herausdrang und fortflog? Ich wollte ihn noch nicht loslassen, sondern ihn spüren, bei mir behalten. Er war ein Teil von mir und würde es bleiben, auch wenn Shira körperlich nicht mehr anwesend war.

Als der Wagen ins Feuer fuhr, blickte ich ihm nach. Bevor sich die Ofentür schloss, sah ich, wie Shira mit einem »Wusch!« von einer großen Stichflamme und einem riesigen Feuerball umhüllt wurde. Ich kann Sie beruhigen, Sie müssen nicht befürchten, den eigentlichen Verbrennungsvorgang des Tierkörpers zu sehen. Das Polyester der Fleece-Decke unterstützte die Einäscherung und sorgte für die große Flamme.

Bei diesem Anblick musste ich in all meinem Schmerz lächeln. Meine Maus verließ die Erde spektakulär. Wie ein großer Stern, der am Ende seiner Lebenszeit in einer Supernova explodiert. Dabei wird der Stern selbst vernichtet, seine Leuchtkraft nimmt jedoch millionen- bis milliardenfach zu und wird für kurze Zeit so hell wie eine ganze Galaxie. Shira würde immer meine Supernova sein. Dies zu erleben, war ein bewegender und sehr heilender

Moment. Ich denke auch heute noch daran, wenn ich am Nachthimmel die Sterne sehe. Für mich war es ein großer Trost, bis zum leuchtenden Finale bei meiner Hündin sein zu dürfen.

Zwei Stunden später konnte ich ihre Asche in einem einfachen Holzkästchen mit nach Hause nehmen. Jetzt steht diese Urne zusammen mit einem Foto von Shira in meinem Bücherregal. Manchmal hole ich die Plastiktüte mit ihren Überresten aus der Urne heraus und betrachte sie. Es ist keine reine pudrige Asche, wie man dies in Filmen oft sieht. Viele kleine Knochensplitter zeugen von dem, was von uns allen einmal übrig bleibt. Wenn ich ein wenig davon auf die Hand nehme, fühlt es sich real an, dann ist Shira immer noch da. Irgendwann, wenn ich so weit bin, werde ich die Asche dieses geliebten Körpers der Natur zurückgeben und sie auf unseren Lieblingswanderwegen und in den Gewässern, die sie so mochte, verstreuen.

An dem Morgen, als Shira starb, bin ich mit einem warmen, liebevollen Hund neben mir aufgewacht. Am Abend bin ich mit einem Holzkästchen mit ihrer Asche im Arm eingeschlafen. Meine Hündin war tot.

Und nun musste das Leben weitergehen – ohne Shira. Ich begann meine Trauerreise.

DAS LEBEN DANACH

Am nächsten Morgen war es still im Haus. Ich war allein.

So viel ich mich auch vorbereitet hatte, und obwohl ich es besser wusste, brachen nun die Fragen und Selbstvorwürfe über mich herein. Hätte ich etwas anders gemacht, wenn ich früher gewusst hätte, dass uns nicht mehr viel Zeit blieb? Hätte ich mehr Zeit mit ihr verbracht, ihr noch öfter gesagt, wie sehr ich sie liebe? Wie konnte ich mit dieser Stille und Leere leben? Wie ließen sich unser beider Seelen trennen? Mein Herz schmerzte so sehr, dass ich Angst hatte, es würde zerbrechen, wenn ich mich bewegte.

Alles erinnerte mich an Shira. Während ich am Computer saß, glaubte ich, sie aus den Augenwinkeln in Richtung Küche laufen zu sehen. Zwölf Uhr! Normalerweise bereitete ich um diese Zeit ihr Essen zu. Abendessen um achtzehn Uhr. Seit Jahrzehnten waren meine Tage auf meine Hunde getaktet. Dieser Rhythmus fehlte mir.

Ich sah Shira überall: Im Garten – ich darf nicht vergessen, das Hoftor zu schließen, damit sie nicht auf die Straße läuft. Im Haus – auf den hässlichen Läufern, die ich auf den glatten Boden gelegt hatte, damit ihre schwachen Beine Halt fanden, lagen noch helle Haare. Die vielen Hundehaare, die ein Teil meiner Wohnungseinrichtung und meiner Kleidung waren. Mein Blick fiel auf ein Schild, das ich in den USA gekauft hatte und auf dem übersetzt steht: »Ein Zuhause ist dort, wo überall Hundehaare sind, außer auf dem Hund.« Ein Tier macht Schmutz, das wissen wir alle und stöhnen, wenn wir putzen oder saugen müssen.

Aber welchen Sinn macht eine klinisch saubere Wohnung, ohne Hunde- oder Katzenhaare, ohne Spielzeug, das laut quietscht, wenn wir darauf treten?

Ich konnte nicht schlafen. Die Schmerzen, die Trauer, die Sehnsucht und die Schuldgefühle waren zu groß. Tränen ohne Ende.

Immer wieder schaute ich mir das letzte Video von Shira an. Ich brauchte die Gewissheit, dass es der richtige Zeitpunkt gewesen war, sie gehen zu lassen. Ich sah ihr Hecheln, den eingeklemmten Schwanz, die großen flehenden Augen. Ich bat sie um Verzeihung für die Schmerzen, die sie hatte erleiden müssen, weil ich so lange gewartet hatte. Zu lange? Ich quälte mich, wollte alles wiedergutmachen, wünschte mir sehnlich eine zweite Chance. Aber der Tod gibt uns keine neue Chance. Wir müssen mit dem leben, was wir getan oder nicht getan haben.

Dann schaute ich die anderen Videos an, die ich von ihr gedreht hatte. Shira beim Spielen mit ihren Hundekumpels, beim Schwimmen im Edersee und am Strand in Dänemark. Sie war ein glücklicher Hund, und ich hatte ihr mein Bestes – meine ganze Liebe – gegeben.

Ich hatte noch so viele Pläne mit ihr gehabt. Nun war ich aus der Bahn geworfen. Verloren. Ich hatte keine Zukunft mehr, war nicht mehr unsterblich, hatte nicht mehr unendlich Zeit. Entglitt dem realen Leben. Auf Sinnsuche … wie abgedroschen das klingt.

Nahezu alles, was ich sah, hörte, roch, was ich erlebte, löste eine Erinnerung an unsere gemeinsame Zeit aus. Ich gab es auf, mich dagegen zu wehren.

Manchmal betäubte der Schlaf meine tiefe, verzweifelte Trauer. Aber die Schwere, die ich spürte, wenn ich am Morgen die Augen aufschlug und feststellte, dass ein neuer Tag ohne Shira begonnen hatte, war allgegenwärtig. Ich fühlte mich, als sei ich ebenfalls gestorben. Und es gab nichts, was ich tun konnte, um den Schmerz zu lindern.

Immer wieder sah ich im Laufe der nächsten Tage auf die Uhr und wünschte mir, die Zeit zurückdrehen zu können. Vieles fiel mir wieder ein. In ihren letzten Wochen hatte Shira besonders stark meine Nähe gesucht. Wie gerne hat sie im Garten gelegen. Das Gras wuchs, und ich brachte es nicht fertig, es zu mähen, weil ich damit ihre Spuren ausgelöscht hätte.

Ich war wütend auf alles und jeden. Ich wollte keine Gartenarbeit machen, wollte überhaupt keinen Garten mehr. Wegfahren. Flüchten. Weit weg. Meinen Schmerz herausschreien in einem fernen Land, wo mich keiner kennt. Aber ich hatte Verpflichtungen, die mich hier festhielten, und Corona erlaubte eh keine Reisen.

Ich war wütend auf Gott, weil er Shira und mir nicht mehr Zeit gegeben hatte, und auch auf mich, weil ich Shiras Tod nicht hatte verhindern können. In mir war so viel Zorn, und gleichzeitig wusste ich, dass er nur ein Ausdruck meiner Trauer war.

Jemand hat einmal gesagt, dass wir unsere Verstorbenen mit jeder liebevollen Handlung und jedem liebenden Gedanken ehren. Aber wie heilt man ein gebrochenes Herz?

Benjamin Ferencz (ehemaliger Chefankläger der Nürnberger Prozesse) hat in seinem Buch *Sag immer deine Wahrheit* auf diese Frage wunderschön und treffend geantwortet: *Wie heilt man ein gebrochenes Herz? Diese Frage ähnelt der nach einer friedlichen Welt. Es gibt eine zehn Bände umfassende Antwort auf beide und eine, die nur aus einem Wort besteht: langsam.*[4]

Herbst 2020. Die Tage ohne Shira flossen dahin. Ich betrachtete alles durch das Schlüsselloch meines Schmerzes. Ich suchte Trost in der Natur, ging auf lange »Shira-Wanderungen«. Sah in Gedanken, wie sie vorauslief, dann auf mich wartete, sich freute, wenn ich sie einholte. Ich war dankbar, dass sie im Herzen bei mir war, auch wenn es wehtat.

An manchen Tagen fehlte mir der Schmerz. Ich fühlte mich »stumpf« und schuldig, weil ich glaubte, dass ich Shira nicht genug vermisste. War ich unfähig zu lieben? Hatte ich ihr wirklich alles gegeben? Ein bestmögliches Leben? Hatte ich sie zu früh sterben lassen? Wären noch Medikamente möglich gewesen? Wieder half das letzte Video.

Ich wollte noch einmal einen Neubeginn mit Shira haben. Den kleinen Welpen, den jeder streicheln wollte, im Einkaufswagen durch den Baumarkt schieben. Den Augenblick, als ich vorsichtig versuchte, ihr das Schwimmen beibringen zu wollen – blöder Versuch bei einem Labrador! – und sie mich an der Leine mitsamt Rucksack und Kamera begeistert ins Wasser zog. Ihr empörtes Schreien, wenn ich etwas tat, was neu für sie war und ihr nicht passte, wie die erste Ausfahrt im Fahrradanhänger. Die vielen Wanderungen in den Bergen und am Meer. Noch einmal fünfzehn Jahre, ein ganzes neues Leben.

Würde sie zurückkommen? Wiedergeboren werden? Mir einen anderen Hund schicken, der ihren Platz einnimmt? Gott, schick mir ein neues Herz, das ich an die Stelle des zerbrochenen setzen kann!

Es folgten Tage tiefster Depression. Ich lief unsere vertraute Gassirunde. Rief nach Shira. Sie kam nicht. Ich konnte nicht aufhören zu weinen. Mein Leben war sinnlos. Ich wollte fortziehen, weg von dem Haus, in dem wir glücklich gewesen waren, von dieser Stadt, von diesem Leben. Aber durfte ich das überhaupt? Was, wenn sie zurückkam und ich war nicht da? Würde sie mich finden?

Ich lebte weiter meinen Alltag, hielt Seminare ab, funktionierte wie ein Roboter. Konnte mich nicht auf die Arbeit konzentrieren. Konnte nicht mehr schreiben. Ich las meine Mails, checkte das Internet, ließ mich ablenken und den neuen Abgabetermin für mein Buch verstreichen.

Plötzlich machte ich Umzugspläne, wollte in den Norden ziehen, in die Nähe von Shiras geliebtem Meer. Aber ich war in meiner seelischen Not nicht in der Lage, rationale längerfristige Lebensentscheidungen zu treffen. Außerdem würde ich meinen Schmerz mitnehmen, egal wie weit und wie schnell ich fortlief. Und so verlor ich nicht nur meinen Hund, sondern auch den Traum von einem neuen Leben, die Illusion von einem Neuanfang.

Alles, was ich tat – wandern, lesen, schreiben –, war ein Versuch, mich von meinem Schmerz abzulenken. Ich fiel nur noch tiefer. Die Schluchten, die in meinem zerbrochenen Herzen klafften, zogen mich magisch an. Wer würde mich auffangen, wenn ich hineinstürzte? Was, wenn ich nicht mehr herausfand?

Manchmal war die Leere, die Hilflosigkeit und Einsamkeit so immens, dass ich mich in ihr auflösen wollte. Und ja – dass ich sterben wollte. Der Tod schien mir eine verheißungsvolle Gelegenheit, Shira wiederzusehen. Ich hielt mich an einem Satz fest, den ich einmal irgendwo gelesen hatte: *Wenn es so wehtut, dass du keine Luft mehr bekommst, lernst du zu überleben. Du überlebst, indem du dich daran erinnerst, dass es eines Tages, wenn du nicht daran denkst, nicht mehr wehtut.*

In der Zeit nach Shiras Tod kamen immer wieder Momente, die die frisch verheilte Wunde in meinem Herzen wieder aufrissen. Meine Freundin Corina schickte mir ein Paket mit einer weichen Fleece-Decke und Shiras Porträt darauf: ein Bild vom letzten Jahr. Die weisen Augen, der Blick, mit dem sie mich ansah, genau so, wie ich sie in Erinnerung hatte. Ich nahm die Decke in den Arm, sah in Shiras Augen und vergrub mein Gesicht in dem weichen Stoff. Mühsam errichtete Schutzdämme brachen zusammen. Haltlos schluchzend sank ich auf den Boden. Tränen ohne Ende. Ich nahm die Decke überallhin mit, wie ein Kind seinen Lieblingsteddy. Wenn ich sie nachts über mein Bett ausbreitete, erinnerte mich das an die Zeit, als Shira noch direkt neben mir schlief. Ich konnte sie spüren, und manchmal machte die Verzweiflung einer tiefen Dankbarkeit für das Leben mit ihr Platz.

Äußerlich ließ ich mir meinen tiefen Schmerz nicht ansehen. Nur wenige wirklich enge Freunde verstanden mich, und ich war nicht bereit, mich mit anderen auf Diskussionen über meine Trauer einzulassen.

Der Schmerz holte mich dann ein, wenn ich es am wenigsten erwartete. Bei einer längeren Autofahrt sah ich plötzlich Shira im Fußraum des Beifahrersitzes liegen. Sie sah mich an. Es war wie ein Schlag in die Magengrube. Mit Mühe konnte ich in eine Waldeinfahrt abbiegen, bevor ich zusammenbrach. Ich weinte und schrie. Rief nach Shira: »Komm zurück! Ich will das nicht. Nein! Nein! Ich will dich wiederhaben. Komm zurück zu mir!«

Weihnachten 2020. Das erste Weihnachten ohne Shira war grausam. Die Brutalität der Wirklichkeit sagte mir, dass ich die Zeit nicht zurückdrehen konnte. Ich fühlte mich total verloren. Hinzu kam, dass dieses Fest durch Corona anders war als die vorherigen. Die Menschen isolierten sich und hatten Angst. Das Virus mutierte und wurde ansteckender. Dies waren meine ersten Feiertage ohne Shira seit fünfzehn Jahren, und ich konnte mich nicht einmal durch die Gesellschaft anderer Freunde ablenken. Ich las mein Tagebuch vom letzten Weihnachtsfest mit ihr. Entspannte Feiertage im Kreis meiner Familie. Das Haus geschmückt, das Telefon ausgeschaltet, mit Shira auf der Couch im Fernsehen die kitschigen amerikanischen Weihnachtsfilme geschaut. Zwei Tage später ging es Shira schlechter. Ihr Hecheln zeigte, dass sie Schmerzen hatte. Ich fuhr jeden dritten Tag zur Tierärztin, bis mein altes Mädchen mit Schmerzmitteln so gut eingestellt war, dass sie zur Ruhe kam. Und ich ahnte, dass wir kein weiteres Weihnachtsfest mehr zusammen haben würden.

Was wäre, wenn wir heute wüssten, was die Zukunft bringt? Wie unser Leben in einem Jahr aussieht? Würden wir anders leben? Die Arbeit liegen lassen? Uns in den Arm nehmen? Mehr Zeit mit denen verbringen, die wir lieben?

Wir können nichts zurückholen, nichts festhalten. Und wir müssen lernen, mit Verlusten umzugehen, so schmerzhaft es auch ist. Es hat keinen Sinn, sich abzukapseln. Wir müssen loslassen und in Liebe leben. Uns immer wieder auf neue Beziehungen einlassen und unser Herz jedes Mal neu verschenken.

Mir ging es schlecht. Die Sehnsucht nach Shira und die Trauer zerrissen mich. Ich versuchte, nicht in ein tiefes Loch zu fallen, sondern mich an die schöne Zeit mit ihr zu erinnern. Es ging nicht nur um mich, sondern um das Andenken an die Liebe meines Lebens. Shira hatte mich gelehrt, worauf es im Leben ankommt: Familie und Liebe. Inmitten dieses Albtraums die Liebe nicht zu verlieren und unserem Leben so viel Glück wie möglich zu geben: So ehren wir das Andenken derer, die wir geliebt haben.

Silvester 2020. Ich habe von Shira geträumt. Sie lag lang ausgestreckt auf dem Teppich in meinem Wohnzimmer und schaute mich an, entspannt, fröhlich und glücklich. »Alles wird gut«, sagte sie und wedelte mit dem Schwanz.

Früher als ich wusste sie, dass ich einen Schritt weitergegangen war. Irgendetwas hatte sich verändert. Meine gestorbene Hündin verwandelte sich mehr und mehr in meinen Schutzengel, mein Licht im Alltag. Auch wenn ich weiterhin tieftraurig war, fühlte ich mich nun behütet und beschützt, eingehüllt in Shiras Liebe, erfüllt von Dankbarkeit.

Das Feuerwerk der Silvesternacht brachte den Schmerz zurück. Letztes Jahr waren wir früh im Bett, und Shira, die damals schon taub war, hatte zum ersten Mal in ihrem Leben die Silvesternacht verschlafen und die Knaller und Raketen, die sie stets in Panik versetzt hatten, nicht gehört. Der erste friedliche Jahreswechsel in unserem gemeinsamen Leben war auch der letzte gewesen.

Frühling 2021. Es gibt vieles, was wir nicht ändern können: Die Sonne geht jeden Morgen auf und abends unter, die Jahreszeiten kommen und gehen, und Menschen und Tiere, die wir lieben, sterben. So verzweifelt wir uns zu wehren versuchen – wir können nichts dagegen tun.

Der Tod ist eine Realität. Wir müssen durch ihn hindurch. Wir können uns nicht drunter durchgraben oder über ihn hinwegfliegen. Wir müssen Dinge, die geschehen, akzeptieren. Schöne, einfache Dinge zu akzeptieren und uns darüber zu freuen, gelingt uns gut. Aber wir müssen auch den Tod akzeptieren. Er gehört dazu, egal, wie höllisch weh es tut.

Das Leben nach Shira begann mit dem Frühling. Er brachte Licht und Farbe in die Dunkelheit. Die Bäume trieben aus, und die Schneeglöckchen und Tulpen in meinem Garten begannen zu blühen.

Noch immer fühlte ich mich, als würden Teile von mir fehlen. So lange war meine Hündin mein Schatten und meine Begleiterin gewesen! Es kam mir irreal vor, dass sie nicht mehr an meiner Seite war.

Aber neben der großen Trauer empfand ich jetzt auch immer mehr eine tiefe Dankbarkeit, nicht nur für das Leben mit Shira, sondern für die Gnade, dass ich bei ihrem Sterben an ihrer Seite sein durfte.

Ich hatte wieder die gleiche Vision im Kopf wie auch nach Ladys Tod: Ich sah meine Hündin über eine Wiese voller bunter Blumen glücklich auf mich zulaufen. Das brachte mich zum Lächeln.

TRAUERREISE

Fast mein ganzes erwachsenes Leben lang bin ich durch die Welt gereist – als Flugbegleiterin, Reiseleiterin, Naturschriftstellerin und Abenteuerin. Stets war ich mit Leidenschaft und Begeisterung unterwegs. Aber die Reise, auf die ich mich nach Shiras Tod begab, wollte ich nie antreten.

Wenn Ihr geliebter Hund stirbt, werden Sie in ein emotionales Chaos stürzen, für das Sie sich nichts sehnlicher wünschen als eine Art Plan, nach dem Sie das alles überstehen. Einen, den Sie Schritt für Schritt abhaken können und an dessen Ende es Ihnen wieder besser geht. Doch leider gibt es für eine Trauerreise keinen festen Plan oder Zeitrahmen.

Die Schweizer Ärztin Dr. Elisabeth Kübler-Ross gilt als eine Pionierin auf dem Gebiet der Sterbeforschung. Sie hat in den 1960er-Jahren begonnen, die Psychologie von Menschen während eines Verlustes zu erforschen, und dabei festgestellt, dass sie fünf verschiedene Phasen der Trauer durchlaufen: Leugnen, Zorn, Verhandeln, Depression und Akzeptanz.[5]

Diese Trauerphasen können nicht nur auf Tod und Krankheit, sondern auch auf jede andere Form von negativer Lebensveränderung folgen, sei es eine Scheidung, der Verlust von Job, Wohnung oder Ähnlichem. Entgegen landläufiger Meinung müssen sie nicht alle der Reihe nach »abgearbeitet« werden. Trauer lässt sich nicht einordnen und planbar machen. Sie ist so einzigartig wie die Liebe. Wie Sie mit ihr umgehen, hängt davon ab, wie Sie sich momentan fühlen. Wichtig ist, dass Sie wissen, was Sie im Laufe der nächsten Zeit erwarten können. Vergessen

Sie jedoch nie: Es ist *Ihre* ganz persönliche und individuelle Trauerreise.

Auf dieser Reise wird es für Sie Momente der Ruhe geben, in denen Sie eine Art von Entspannung erleben, gefolgt von Zeiten, in denen alle Gefühle gleichzeitig auf Sie einstürzen. Die besondere Beziehung, die Sie zu Ihrem Tier hatten, wird sich nie ändern. Ihr Hund wird für immer in Ihrem Herzen leben. Die gemeinsamen Strandspaziergänge, das Toben im Schnee, das Kuscheln auf der Couch und all die Liebe, die Sie miteinander geteilt haben, werden unvergessen bleiben.

Stellen Sie sich Trauer wie Glitzer vor. Sie werfen eine Handvoll davon in die Luft, und wenn Sie versuchen, ihn aufzufegen und zu entfernen, werden Sie nie alles erwischen. Selbst lange nach dem Ereignis werden Sie Ihren Trauerglitzer in den Ecken versteckt finden. Er wird immer da sein – irgendwo. Doch Ihre aktive Trauer wird sich im Laufe der Tage, Wochen, Monate und Jahre nach dem Tod Ihres Tieres verändern, und es wird sich etwas Neues entwickeln. Rechnen Sie damit, dass Trauergefühle immer wieder auftauchen werden. Das ist normal. Aber Sie werden auch erleben, wie Sie sich selbst in dieser Zeit verändern. Betrachten Sie den Weg durch die Trauer als Reise zum Lernen, Lieben und Heilen.

Wer bin ich ohne meinen Hund?

Nach Shiras Tod traf mich die Ungeheuerlichkeit eines Lebens ohne sie wie ein Schlag. Neben der großen Leere erlebte ich eine völlig neue Art, meinen Alltag zu leben.

Es gab so viele Dinge, die ich vermisste. Ich hatte vergessen, die tägliche Routine mit ihr zu schätzen, und nicht mehr daran gedacht, dass alles, was mich umgab, alles, was mich ausmachte, von einem Moment auf den anderen einfach weg sein könnte.

Selbst als ich schon damit rechnete, dass Shira nicht mehr lange bei mir sein würde, war mir das Ausmaß der Veränderung nicht bewusst, die der Wegbruch meines Lebens, meiner Routine für mich haben würde.

Ich vermisste den Morgen mit meiner Hündin. Die feuchte Schnauze, die sich in mein Gesicht schob, und den intensiven Blick aus braunen Hundeaugen, die mich weckten. Das Teilen meines Frühstücks. Für das letzte Stück Brot gab es keinen sabbernden Abnehmer mehr. Mir fehlten der Morgenspaziergang, bei dem ich mich gemeinsam mit Shira auf einen neuen Tag einstellte, und der Abendspaziergang, bei dem wir auf eine letzte Entdeckungsreise gingen, bevor es Nacht wurde. Beim Fernsehen auf der Couch blieb der Platz neben mir leer, und ich fror schrecklich. Nachts vermisste ich Shiras Aufmerksamkeit. Wenn etwas unheimlich war oder eine vermeintliche Gefahr drohte, hatte sie gebellt. Wenn ich nicht schlafen konnte, streichelte ich ihr weiches Fell; ihr Schnarchen ließ mich in den Schlaf gleiten. Ich vermisste ihre intensive Konzentration auf das Essen und ihre Labrador-Leidenschaft für das Wasser. Mir fehlte das freudige Wiedersehen, wenn ich vom Einkaufen nach Hause kam. Jetzt war das Haus leer, und ich wollte nicht nach Hause kommen.

Mir fehlte die tägliche Einstimmung auf Shira, das In-Verbindung-Sein, das Teil des Lebens ist. Meine Verbindung zu ihr war einzigartig. Sie passte sich meiner Energie auf ihre Weise an, und ich passte mich ihrer auf meine Weise an. Dadurch war eine Harmonie entstanden, die es nur bei einem langen Zusammenleben gibt.

Am meisten vermisste ich die Zugehörigkeit. Wenn wir einmal zu jemandem gehört haben, sind wir nie mehr dieselben. Und Shira und ich gehörten zusammen. Ohne sie verlor ich meine Identität. Auf meinen Wanderungen allein traf ich Menschen, denen ich früher begegnet war. »Wo ist Ihr Hund?«, fragten sie. Ich war jetzt nicht mehr »das Frauchen von dem hellen Labrador« oder »Frau Shira«, sondern nur eine einsame Frau, die mit verheulten Augen durch den Wald streifte. Ich musste neu lernen, wer ich ohne meine Hündin war.

Chaos im Kopf

Ich war erschöpft vom neuen »Anderssein« meines Lebens und versuchte, mich abzulenken und zu betäuben. Schaute zu viel Fernsehen, ertrug aber nicht mehr die Krimis, die ich früher gemocht hatte. Jetzt war mir alles zu brutal. Dafür sah ich mir heftig schluchzend seichte Liebesfilme an. Tier- und Naturdokus gingen noch. Sie lenkten mich ab. Nachrichten oder Politsendungen schaltete ich gar nicht erst ein. Die Realität erschlug mich. Die Welt, wie ich sie kannte, zerbrach. Zuerst Corona, dann Shira. Ich hatte keinen Platz mehr in meinem Herzen für etwas anderes als den eigenen Schmerz.

Ich aß zu viel. Im ersten Jahr nach Shiras Tod nahm ich acht Kilo zu, mein Blutdruck stieg. Mich mit Chips und Schokolade vollzustopfen, schien mir die einzige Möglichkeit, die Leere in meinem Inneren zu füllen. Gut gemeinte Ratschläge von Freunden (»Du musst etwas tun«) machten mich nur wütend. Wie konnten sie es wagen! Meine große Liebe war gestorben. Mein Körper brauchte Treibstoff, um das hier zu überleben.

Ich gab es auf, Schlaf zu finden. Mitten in der Nacht stand ich auf, nickte dafür tagsüber bei jeder Gelegenheit ein. Zum Glück konnte ich mir das als freie Autorin erlauben. Später half mir ein Hausmittel meiner Großmutter, abends zu entspannen und runterzufahren: heiße Milch mit Honig.

Mein Kopf war leer. Der Verlag hatte den Abgabetermin für mein neues Buch – das Buch, das Sie jetzt lesen – erneut verschoben, aber auch ohne den Druck war ich nicht in der Lage,

Worte zu Papier zu bringen. Ich konnte mich nicht mehr konzentrieren.

Seit ich denken kann, gehören Bücher zu meinem Leben. Ich lese leidenschaftlich gern und viel, aber selbst das ging nicht mehr. Wenn ich versuchte, mich in ein Buch zu vertiefen, schlief ich nach fünf Minuten ein. Oder ich musste immer wieder von vorn anfangen, weil ich vergaß, was ich gelesen hatte. Ich verlor meinen Kopf und meinen Verstand. Das Schreiben von Artikeln, Aufnehmen von Podcasts, Beantworten von Interviews per Telefon oder Video, das alles hatte ich früher fast nebenbei geschafft. Jetzt überforderte es mich schon, nur zwei Dinge nacheinander zu erledigen. Meine Aufmerksamkeitsspanne sank gegen Null.

Der Schmerz wirbelte mein Gehirn durcheinander. Ich verlegte Schlüssel und vergaß Termine. Wusste nicht mehr, welcher Wochentag war oder ob ich gefrühstückt hatte. Mit der Zeit waren meine Küchen- und Büroschränke mit bunten Klebezetteln gepflastert: Einkaufslisten, Geburtstagserinnerungen, To-do-Listen. Ich lebte nur noch instinktiv und aus dem Bauch heraus. Die Trauer reduzierte mein Dasein auf das absolute Minimum. Ich hatte mich verloren und bekam Angst, verrückt zu werden.

Wenn es Ihnen auch so geht, lassen Sie sich von mir sagen: Sie sind nicht verrückt, Sie trauern, und all das sind körperliche Nebeneffekte der Trauer. Unser Verstand hat nur eine beschränkte Kapazität und sortiert alles aus, was ihm nicht lebensnotwendig erscheint. Das Gehirn selektiert und weigert sich, den Verlust anzuerkennen, die neue Wirklichkeit in die alte einzupassen. Im Laufe der Zeit schafft sich unser Gedächtnis jedoch mehr Raum und stellt die Ordnung wieder her.

Irgendwann merkte ich, dass ich gegen die Trauer ankämpfen konnte, so viel ich wollte: Es nützte nichts. Ich musste den Schmerz geschehen lassen und durch ihn hindurchgehen, Tag für Tag, Stunde für Stunde, Schritt für Schritt.

Hoffnungslosigkeit

Nach dem Tod eines geliebten Tieres versucht unser Verstand, die neue Realität zu verarbeiten. Vielleicht reagieren wir auf den heftigen Schmerz mit starken Schuldgefühlen. Wir sagen uns, dass wir hätten wissen müssen, was mit unserem Hund passiert, wie krank er ist. Oder wir quälen uns sogar mit dem Gedanken, dass wir ihn getötet haben.

So wie Anne. Völlig panisch rief sie mich eines Tages an und weinte bitterlich. »Ich habe meinen Hund umgebracht.« Benni hatte nur noch wenige Tage zu leben gehabt und schrecklich gelitten. Der Tierarzt wollte ihn gleich einschläfern lassen, aber das brachte Anne nicht übers Herz. Nach ihrer Vorstellung sollte ihr geliebter Hund friedlich zu Hause in ihren Armen einschlafen. Sie kaufte eine große Menge Schlaftabletten für Menschen, löste sie auf und mischte sie unter Bennis Futter. Aber statt schlafend in den Tod zu gleiten, begann der Hund verzweifelt zu schreien und sich unter Schmerzen zu winden. Anne blieb nichts anderes übrig, als ihn zum Tierarzt zu bringen und ihn dort einschläfern zu lassen. Das Bild von ihrem leidenden Benni und seine Schreie bekam sie nicht mehr aus dem Kopf. Sie war der Überzeugung, dass sie ihn vergiftet hatte, und quälte sich mit Schuldgefühlen.

Es gibt Zeiten in unserem Leben, in denen wir das Gefühl haben, am absoluten Tiefpunkt angekommen zu sein und nicht noch mehr Seelenpein ertragen zu können. Wenn unser Haustier in einem dunklen Moment in unserem Leben stirbt, kann das schmerzhafte Gedanken und Handlungen auslösen, die extrem schädlich sind.

Carmen ist seit dreißig Jahren trockene Alkoholikerin. Ihren Hund Piedro hatte sie als Welpen während eines Portugal-Urlaubs gerettet. Die beiden waren unzertrennlich. Mit zwölf Jahren bekam Piedro Knochenkrebs. Carmen versuchte alles, um ihn zu retten. Die Amputation des Hinterbeins schien zu helfen.

Sie schöpfte Hoffnung, als es Piedro besser ging. Nach zwei Jahren kam der Krebs zurück und streute. Carmen musste ihren Liebling letztendlich gehen lassen. Während der ganzen Krankheit ihres Hundes hatte sie keinen Gedanken daran verwendet, zu trinken. Als sie jedoch mit Piedros Asche nach Hause fuhr, kaufte sie sich an einer Tankstelle eine Flasche Rotwein. Sie wollte sich betäuben und vergessen. Den Schmerz nicht mehr fühlen.

Carmen befand sich in einer persönlich schwierigen Phase. Nicht nur, dass Piedros Krankheit fast alle ihre Ersparnisse verschlungen hatte. Weil sie als freie Architektin ihre Aufträge nicht mehr pünktlich ablieferte, verlor sie jetzt auch noch viele Kunden. Sie hatte sich von ihrem Freund getrennt, weil der sich über fehlende Aufmerksamkeit beschwert hatte: »Das Theater, das du mit deinem Hund machst!« Piedro war ihr einziger Lebensinhalt gewesen. Und nun hatte sie ihn »verraten«, weil sie ihm nicht hatte helfen können. Es war ihr egal, ob sie wieder rückfällig werden würde, selbst wenn es sie das Leben kosten konnte.

Der Gedanke, das eigene Leben zu beenden, ist nach dem Verlust eines geliebten Tieres gar nicht so selten. Viele Menschen leben Tag für Tag mit dem Wissen, dass ihr Hund oder ihre Katze von ihnen abhängig sind. In schweren Zeiten können Tiere oft unser einziger Halt sein, ein Grund zu leben.

Es kann sein, dass auch Sie nach dem Tod Ihres Tieres in eine Situation geraten, in der nichts mehr geht. Alle schlimmen Dinge dieser Welt stürzen auf Sie ein, und es ist Ihnen vielleicht egal, ob Sie leben oder sterben. Nicht etwa, weil Sie aktiv suizidgefährdet sind, sondern weil es Ihnen *einfach egal* ist.

Wenn jedoch tatsächlich Suizidgedanken aufkommen und Sie beginnen, sich unsicher zu fühlen, dann sollten Sie wissen, dass es Hilfe gibt. Die Telefonseelsorge berät anonym und vertraulich unter den gebührenfreien Telefonnummern 08 00-1 11 01 11 und 08 00-1 11 02 22, auch per Mail oder Chat. Die Unterstützung eines Beraters zu suchen, ist niemals ein Zeichen von Schwäche, sondern von Stärke.

Solche Gedanken mögen von Nichttierbesitzern als »krank« angesehen werden, weil es ja »nur ein Tier« ist, um das wir trauern. Wenn wir einen Menschen verlieren, werden Suizidgedanken akzeptiert. Nicht so bei einem Tier. Manche Menschen fangen an, Drogen zu nehmen, sich selbst zu verletzen oder zu trinken. Für Carmen war es der Alkohol, der ihr vor vielen Jahren stets geholfen hatte, sich in schwierigen Zeiten zu betäuben. Sie öffnete die Flasche und goss sich ein Glas der tiefroten Flüssigkeit ein.

»Dann sah ich plötzlich Piedro vor mir, der mich vorwurfsvoll anschaute«, erzählte sie mir. »Ich wusste, er würde das nicht wollen.« Plötzlich erinnerte sie sich wieder an einen Rat ihrer Selbsthilfegruppe: »Nur für heute!« Nicht für immer, sondern nur für heute sollte sie auf den Alkohol verzichten, und wenn das unmöglich schien, dann nur für die nächste Stunde oder Minute. Carmen schüttete das Glas Wein in den Ausguss und die restliche Flasche hinterher. Sie wusste, wenn sie jetzt trank, würde sie vielleicht den Schmerz für eine Weile betäuben, aber sie würde alles verraten, für das sie so hart gekämpft hatte. Die vielen, glücklichen und trockenen Jahre mit Piedro.

So überlebte sie jetzt auch ihren Schmerz über Piedros Tod. Stunde für Stunde, Minute für Minute, diesen einen Augenblick. Und am nächsten Tag fing sie wieder von vorn an, zu leben und nicht zu trinken.

Wir leben in einer Gesellschaft, die hohe Anforderungen an unsere Emotionen stellt und nur allzu genau weiß, wie wir sie verarbeiten sollen. Es gibt keinen Platz für intensiven persönlichen Schmerz. Dafür eine Auszeit zu nehmen, wird in dieser schnelllebigen Zeit nicht gern gesehen. Stattdessen werden wir ermutigt, unsere Trauer schnell zu überwinden. Beim Tod eines menschlichen Familienmitglieds steht Ihnen gesetzlicher Sonderurlaub zu, nicht so beim Verlust eines vierbeinigen Begleiters. Es wird erwartet, dass Sie mit Ihrem Leben weitermachen wie bisher.

Vielleicht fühlen Sie sich in den ersten Tagen und Wochen nach dem Tod Ihres Tieres taub. Es gibt einige Veränderungen, Behördengänge, die Sie in der ersten Zeit beschäftigen und auch ablenken. Ich zahlte letzte Tierarztrechnungen und meldete Shira beim Steueramt der Stadt und bei der Versicherung ab. Beim Haustierregister TASSO[6] musste ich das Onlineformular »Hund verstorben« ausfüllen. Es fühlte sich nicht richtig an, dass meine geliebte Hündin, die ihr ganzes Leben mit mir verbracht hatte, mit einem Klick nicht mehr existierten sollte.

Aber mehr noch als all diese bürokratischen Notwendigkeiten wird es für Sie gewöhnungsbedürftig sein, sich nicht mehr um Ihren Liebling kümmern zu müssen. Das Leben verschwimmt. Das alles ist anstrengend und schmerzhaft. Die Leere, die Sie wahrscheinlich fühlen, ist riesig, und es gibt absolut nichts, was Sie tun können, um sie zu füllen.

Diese Taubheit ist Teil der normalen Trauer. Es ist eine äußerst schmerzhafte und herausfordernde Zeit, in der Sie sich vielleicht fragen, wie Ihr Leben in Zukunft aussehen könnte. Welche Erwartungen haben Sie? Welche Veränderungen wünschen Sie sich?

Für mich begann eine total verrückte Zeit, in der ich versuchte, mein komplettes Leben auf den Kopf zu stellen. Ich wollte, dass sich alles ändert – und das möglichst sofort. Ich packte einen Koffer mit den nötigsten Dingen, schnappte mir die kleine Holzkiste mit Shiras Asche und war bereit, die Tür meines Hauses hinter mir abzuschließen, den Schlüssel wegzuwerfen, ins Auto zu steigen und loszufahren. Irgendwohin, nur weg von diesem Schmerz und den Erinnerungen. Zum Glück verhinderte die Pandemie diesen kopflosen Neuanfang. Es hätte ja nichts genützt. Man kann dem Leid nicht davonlaufen.

Eines der besten Dinge, die Sie in dieser Zeit tun können, ist … *nichts.* Lenken Sie sich nicht ab. Im Ernst, Sie brauchen nicht das Haus zu putzen, den Rasen zu mähen, Besorgungen zu machen oder mit Freunden ins Kino zu gehen, wenn Sie nicht wollen. Wenn Ihnen jedoch eine dieser Aktivitäten hilft, sich besser zu fühlen, dann tun Sie es. Sie allein entscheiden, was gut für Sie ist. Lassen Sie sich keinen Druck machen, auch nicht von wohlmeinenden Familienmitgliedern und Freunden, die Ihnen helfen wollen.

Ich kann es nicht genug betonen: Lassen Sie keinen Druck zu! Es ist Ihr Leben und Ihre Trauer, und es ist *nicht* egoistisch, wenn Sie jetzt ausschließlich das machen, was Ihnen guttut.

Ich war zu erschöpft, noch irgendetwas zu tun. An vielen Tagen lag ich im Garten auf dem Liegestuhl, sah einfach nur den Wolken nach oder beobachtete die Vögel. Es kann helfen, wenn Sie sich entspannen und sich die Erlaubnis geben, Ihren Verlust zu spüren. Es ist eine Zeit, in der Sie sich gut um sich selbst kümmern müssen. Trauer hat die Tendenz, zu gedeihen und zu wachsen, wenn wir müde und erschöpft sind. Nur wenn wir ausgeruht sind, kann unser chaotischer Verstand die Emotionen verarbeiten. Essen Sie gesund, gönnen Sie sich eine Massage und verbringen Sie viel Zeit in der Natur. Räumen Sie Ihrem Schmerz Platz ein. Er braucht Raum, um sich zu entfalten. Für mich geht das am bestem im Wald und am Meer. In meiner Trauer brauche ich Landschaften, die größer sind als ich selbst, weit genug für meinen Schmerz. Als meine Lady starb, flog ich anschließend nach Amerika in den Yellowstone-Nationalpark. Die grandiose Natur dort mit ihren Geysiren und wilden Tieren tröstete mich.

Und vor allem: Haben Sie keine Angst. Die Verbindung, die Sie mit Ihrem Hund haben, wird nicht schwächer, und Sie werden sein Andenken auch nicht verraten, wenn Sie sich Zeit nehmen, um sich besser zu fühlen. Vielmehr wird es Ihre Erinnerungen stärken und Ihnen helfen, zu heilen.

Endloser Schmerz

Wenn Sie über den Verlust eines geliebten Tieres trauern, fragen Sie sich vielleicht, ob dieser Schmerz jemals verschwinden wird. Ich würde gerne mit Ja antworten, aber um ganz ehrlich zu sein, die Antwort lautet: Nein.

An Abschiede gewöhnt man sich nie. Bei jedem Tier, das wir lieben, müssen wir wegen dessen kurzer Lebenszeit immer wieder durch das Tal der Tränen gehen. Der Verlust eines geliebten Hundes ist deshalb so schmerzhaft, weil wir mehrere Verluste gleichzeitig erleben: Wir verlieren die Quelle bedingungsloser Liebe und einen Lebensbegleiter, der uns in schwierigen Zeiten Sicherheit und Trost gespendet hat.

Nach der Erfahrung vieler Tierbesitzer, mit denen ich sprach, und auch nach meiner eigenen, intensiviert sich die Trauer in den ersten drei bis vier Monaten. Bei mir war die Trauerzeit je nach Hund und Situation unterschiedlich. Bei meinem ersten Hund, Klops, brauchte ich fast ein Jahr, bis ich den Schmerz so weit verarbeitet hatte, dass ich wieder bereit war für einen neuen Hund: meine Lady. Nur drei Monate nach deren Tod zog Shira bei mir ein. Als sie starb, dauerte es sieben Monate, bis ich die kleine Hope aus einem rumänischen Tierheim zu mir holte. Sie sehen: Wann Sie bereit sind, Ihr Leben wieder in die Hand zu nehmen, ist ganz unterschiedlich und hängt von Ihren jeweiligen Lebensumständen ab. Aber auf keinen Fall bedeutet es, dass Sie dann auch aufhören werden zu trauern. Die Zeit heilt *nicht* alle Wunden. Der Schmerz wird immer ein Teil von uns bleiben. Nach einem großen Abschied sind wir nicht mehr dieselben wie zuvor. Wir bauen unser Leben um die Trauer herum und passen uns dem neuen »Normal« an.

Sigmund Freud hielt es offensichtlich für unausweichlich, dass ein Mensch nach einem schweren Verlust auf Dauer »ungetröstet« bleiben wird. An dem Tag, an dem seine tote Tochter Sophie sechsunddreißig Jahre alt geworden wäre (sie starb mit sechsundzwanzig), schrieb er in einem Brief an einen seiner besten Freunde und Kollegen Ludwig Binswanger, der seinen Sohn verloren hatte: »Wir wissen, dass der akute Schmerz, den wir nach einem Verlust verspüren, seinen Lauf nimmt, aber auch untröstlich bleibt und wir niemals einen Ersatz finden werden. Egal was passiert, egal was wir tun, der Schmerz ist immer da. Und so sollte es sein. Nur so kann man eine Liebe verewigen, die wir nicht aufgeben wollen.«[7]

Schwierig kann es werden, wenn Gedanken und Emotionen uns monatelang im Bett festhalten, wenn wir von einem Job abhängig sind, um die Miete zu bezahlen, und wenn wir eine Familie oder andere Tiere versorgen müssen. Essen wir gar nicht oder zu viel, kann unsere Gesundheit gefährdet sein. Wenn wir uns monatelang zurückziehen, ohne auf die Kontaktversuche von Freunden zu reagieren, besteht die Gefahr einer weiteren Isolation und der Abnahme von sozialer Unterstützung, was sich negativ auf die Psyche und unser allgemeines Wohlbefinden auswirken kann.

Wenn die Trauer Ihr Leben über einen längeren Zeitraum hinweg erheblich beeinträchtigt, kann es hilfreich sein, die Unterstützung eines professionellen Trauerberaters oder Psychologen zu suchen.

Was bleibt

Täglich erinnerten mich Shiras Gegenstände schmerzhaft an das Glück, das hier gelebt hatte. Beim Anblick des verwaisten Hundebetts oder der leeren Futterschüssel wuchs meine Verzweiflung.

Manche Tierbesitzer können das nicht ertragen. Sie trennen sich so schnell wie möglich von den Besitztümern ihres Lieblings, um den Schmerz zu lindern. Andere bewahren das Spielzeug und das Hundebett außer Sichtweite auf, bis sie genug Zeit hatten, ihre Emotionen zu verarbeiten und sich die Gegenstände zu einem späteren Zeitpunkt wieder ansehen, um zu entscheiden, was sie damit tun wollen. Dann gelingt es vielleicht, die schmerzhaften Erinnerungen, die mit den Sachen verbunden sind, durch glückliche zu ersetzen.

Ich möchte Sie noch einmal daran erinnern, dass es für Ihre Trauerreise keinen konkreten »Zeitplan« gibt, der Ihnen auch sagen könnte, was Sie wann mit den Spielsachen oder Leinen Ihrer verstorbenen Lieblinge tun sollten. Folgen Sie ganz Ihrem Gefühl.

Manche Menschen finden, dass das Spenden der Gegenstände helfen kann, den Verlust zu verarbeiten. Sowohl sie als auch ihre toten Tiere können anderen Familien und Haustieren in Not helfen.

Ich war noch nicht bereit, Shiras Sachen wegzugeben, wollte sie noch bei mir haben. Ihr Hundekorb blieb neben meinem Bett stehen. Jeden Abend vor dem Schlafengehen schloss ich die Augen und steckte die Nase tief in die Decken, um Shiras Geruch aufzunehmen. So war sie im Schlaf bei mir. Erst als nach etwa vier Monaten ihr Geruch ganz verschwunden war, konnte ich das Hundebett waschen. In meiner Küche waren an der Glastür zum Garten bis Ostern 2021 noch Shiras verschmierte Nasenabdrücke zu sehen, das Ergebnis ihrer Beobachtungen von Nachbars Katze. Fast acht Monate lang habe ich diese Tür nicht geputzt. Erst als ich mich innerlich für einen neuen Hund bereit machte, konnte ich das tun.

Die meisten von Shiras Hundeleinen und Halsbändern habe ich immer noch. Ich benutze sie nicht mehr, weil sie für meinen neuen Hund viel zu groß sind, aber sie sind da.

Alles, was ich über die Liebe weiß, habe ich von meinen Hunden gelernt. Aber auch alles, was ich über Verlust weiß. Unsere Hunde füllen unsere Herzen und lecken uns die Tränen vom Gesicht, und dann, ganz plötzlich, sind sie auch schon wieder aus unserem Leben verschwunden.

Wir alle fürchten uns vor der Reise durch die Trauer. Sie tut höllisch weh, aber sie ist auch ein Beweis für die Kraft der Liebe. Akzeptieren Sie die Trauer und lassen Sie ihr ihren Lauf.

Für mich ist der Tod eine spirituelle Erfahrung. Er definiert den Sinn des Lebens und gibt der Liebe Bedeutung. Ich trauere tief um den Verlust von Shira, so wie ich um jeden meiner anderen Hunde getrauert habe. Aber ich feiere auch ihr Leben und ehre sie so. Einen Hund oder eine Katze zu haben, ist wie der enge Kontakt zu einem hellen Stern, der diese schwierige Welt erleuchtet. Dafür sollten wir dankbar sein, egal, wie lange der Hund lebt oder wie schmerzhaft es ist, die Katze sterben zu sehen.

Shiras Tod war nicht nur ein furchtbarer Verlust, sondern auch ein Geschenk. Wenn ein Haustier stirbt, verliert man die Liebe, schlicht und einfach. Liebe, die jeden Tag vorbehaltlos geschenkt wird, ist kostbar und in unserer Welt schwer zu bekommen. Wir öffnen unseren Tieren Herzen und Seelen auf eine Art und Weise, wie wir es bei Menschen selten tun. Und wenn wir sie verlieren, verlieren wir dieses Vertrauen und diese Verbindung.

Schmerz definiert die Liebe, gibt ihr Bedeutung. Trauer tut weh, aber sie reinigt und läutert uns und berührt unsere Seelen. Sie flüstert uns zu, dass wir das große Geschenk der bedingungslosen Liebe einmal erhalten haben, und *das* stirbt nie.

NEUE FREUNDE

An meinem runden Geburtstag im Februar 2021 war ich allein. Corona erlaubte keine Feiern. Auf Zoom stieß ich mit einigen Freunden an. Da saß ich nun in meinem großen Haus, das mir so unendlich leer vorkam, und vermisste Shira. Viele von uns mussten im ersten Jahr der Pandemie Abschied nehmen: von der Gesundheit, dem Arbeitsplatz, der Freiheit. Von Familie und lieben Freunden, die uns verlassen hatten und denen wir nicht Lebewohl sagen konnten. »Nur« einen Hund zu verlieren, hat da für Außenstehende wenig Gewicht.

Wenn wir einen geliebten Menschen verlieren, wird unsere Trauer von der Gesellschaft als »legitim« akzeptiert. Leider herrscht allgemein immer noch die Vorstellung, Tiere seien weniger wichtig als Menschen. Die Trauer um einen Hund, der uns im Leben oft viel näher gestanden hat als die meisten Menschen, zählt nicht.

Dieses Gefühl der Illegitimität kann zu einer Erfahrung führen, die als »entrechtete« oder »versteckte« Trauer bekannt ist. Eine Trauer, die von sozialen und gesellschaftlichen Normen nicht anerkannt wird. Dazu gehört neben dem Tod eines Haustieres der eines Ex-Partners oder der Verlust eines Körpergliedes. Es hat den Anschein, als würde dies alles nicht wirklich als Trauerfall »zählen«.

Der erlittene Verlust ist real, aber den Hinterbliebenen wird von den wenigsten in ihrer Umgebung das Recht auf Trauer zugestanden. Unsere Gefühle stoßen meist auf wenig Verständnis.

Ich musste dies zum ersten Mal nach dem Tod meiner Hündin Lady erfahren. Ich war am Boden zerstört und hatte gehofft,

Trost in einem Trauerseminar zu finden. Wir saßen im Kreis, und jeder erzählte die Geschichte seines Verlustes. Da war ich nun mitten unter Müttern, deren Babys gestorben waren, Männern, die nach fünfzig Ehejahren ihre Frauen verloren hatten, Jugendlichen, deren Eltern nicht mehr lebten. Ich vergesse nie die ungläubigen Gesichter, als ich ansetzte, um vom Tod meines *Hundes* zu erzählen. Auch wenn sie es nicht aussprachen, ihre Blicke sagten: »Du hast kein Recht, hier zu sein!«

Fluchtartig verließ ich das Seminar und fuhr tränenüberströmt nach Hause. Ich wollte diese neue Realität nicht, ich wollte meine Hündin zurück. Ich wollte, dass der Schmerz aufhörte. Vor allem aber hasste ich das Gefühl, dass mein Verlust nicht zählte. Jeder Verlust ist bedeutend – jeder!

Trauer ist Trauer und Liebe ist Liebe, egal ob wir um einen Menschen oder ein Tier trauern. Als Hundebesitzer wissen wir, dass unsere Haustiere für uns wichtig sind. Und deshalb ist ihr Verlust genauso wichtig und schmerzhaft wie der eines Menschen.

Hoffen Sie in der Zeit nach dem Tod Ihres geliebten Tieres nicht auf Erlösung bei Freunden. Das ist nicht böse gemeint. Gute Freunde können ein Segen in schweren Zeiten sein – wenn sie dazu in der Lage sind. Doch Menschen können sich immens unwohl fühlen, wenn sie mit Trauer konfrontiert werden. Die meisten von uns fürchten ihre eigene Sterblichkeit und ignorieren gerne das Konzept des Todes. Wenn jemand trauert, gibt es viele wohlmeinende Freunde, die einfach nicht die richtigen Worte finden, weil sie hilflos gegenüber unserem Schmerz sind. Am Ende tun sie uns weh, statt uns zu helfen.

Sie werden feststellen, dass sich nach dem Tod Ihres Tieres Ihr Adressbuch ändert. Sie werden manche alten Freundschaften infrage stellen, aber auch neue finden. Sie werden Menschen suchen und finden, die Ihre Trauer besser verstehen und Sie unterstützen. Meist sind es andere Tierbesitzer, vielleicht die Teilnehmer Ihrer Hundeschule oder der Hundespielgruppe, mit der Sie sich regelmäßig treffen. Doch auch hier können Ihre Erwartungen enttäuscht werden. Sie gehören nicht mehr dazu. Es kann sogar sein, dass der Tod Ihres Hundes einige Gruppenmitglieder daran erinnert, dass auch deren Hund älter wird. Damit wollen sie sich nicht beschäftigen. Nun fühlen Sie sich noch mehr alleingelassen, und das tut weh.

Freunde und Familienmitglieder wollen helfen, wissen aber nicht, wie das geht. Ihre unbeholfenen Vorschläge (»Hol dir doch einen neuen Hund«) sind zwar gut gemeint, können aber verletzen und Ihre Gefühle von Angst, Schuld und Hoffnungslosigkeit verstärken. Manchmal reicht die Kraft nicht, zu erklären, warum Sie so sehr trauern und leiden. Es ist einfacher, sich umzudrehen und fortzugehen.

Letztlich kann ich Ihnen dazu nur einen Rat geben: Wählen Sie in dieser Zeit Ihre Kontakte mit Bedacht aus. Bei mir waren es Menschen, die selbst lange mit Tieren leben und wissen, wie es sich anfühlt, sie zu verlieren. Die mich unterstützten, mir zuhörten, nicht über mich urteilten und mir nur Ratschläge gaben, wenn ich sie darum bat.

Zu einem trauernden Angehörigen oder Freund zu stehen, ist schwerer als gedacht. Aus Studien weiß man, dass eine tiefe Traurigkeit innerhalb weniger Minuten abfärbt. Viele wenden sich daher schnell von Trauernden ab oder wünschen sich, dass deren Schmerz rasch vorbeigeht. Gleichzeitig sind sie unsicher, wie sie sich verhalten sollen. Soll ich meine traurige Freundin, deren Haustier gestorben ist, in Ruhe lassen oder sie von ihrem Schmerz ablenken? Es ist wichtig, zu verstehen, dass die meisten es gut meinen, auch wenn sie nicht das Richtige sagen. Sie versuchen zu helfen und wissen es einfach nicht besser.

All das führt dazu, dass Trauer unendlich einsam macht. Nach Shiras Tod zog ich mich in einen Kokon zurück. Ich verlor den

Kontakt zu vielen Menschen. Ihre hilflosen Plattitüden und Oberflächlichkeiten ertrug ich einfach nicht mehr. »Dein Ratschlag ist nicht sehr hilfreich«, schrie alles in mir. Stattdessen schwieg ich und lächelte gequält in dem Bemühen, niemanden, der mich trösten wollte, vor den Kopf zu stoßen. Ich war einsam und wollte genau das sein.

Aber ich gewann auch neue Freunde, die mich überraschten, unterstützten und mir halfen zu überleben. Und meine sehr wenigen besten Freundinnen blieben die ganze Zeit an meiner Seite.

Verschwenden Sie nicht Ihre Zeit und Nerven damit, sich anderen gegenüber zu rechtfertigen und zu erklären. Machen Sie deutlich, dass Ihre Trauer nicht zur Diskussion steht. Basta! Mit der Zeit werden Sie unterscheiden lernen, wer es wert ist, Ihre Trauer mit Ihnen zu teilen.

Die Gesellschaft erwartet, dass wir gleich wieder »funktionieren«. Viele Menschen, die kein Tier besitzen, verstehen nicht, was wir durchmachen. Sie müssen sich erlauben zu trauern, aber angesichts der Reaktion darauf sollten Sie in Betracht ziehen, Ihre Gefühle am Arbeitsplatz und in der Nähe mancher Menschen zurückzuhalten. Nur wenige Unternehmen sind bereit, die Trauer um ein Tier ernst zu nehmen. Es ist unwahrscheinlich, dass Sie ein paar Tage Sonderurlaub bekommen, um Ihren Hund zu betrauern. Ob es Ihnen gefällt oder nicht. Nichttierbesitzer und sogar einige Tierbesitzer sind schnell dabei, Menschen als »seltsam« zu brandmarken, wenn sie zu viel Trauer über den Verlust eines Tieres zeigen. Das mag nicht fair sein, aber es liegt in der Natur unserer Gesellschaft.

Sich einsam zu fühlen, ist kein schönes Gefühl, doch ist es eine wichtige Phase, durch die man gehen muss. Im Trauerprozess gilt es, den Verlust zu akzeptieren und unser Leben ohne das geliebte Tier neu auszurichten. Ein wichtiger Schritt ist dabei, sich die Erlaubnis zu geben, wieder mit anderen Menschen und Tieren glücklich zu sein.

Reaktionen der anderen

Nach der Veröffentlichung meines Buchs *Die Weisheit alter Hunde* und während der Recherche zu diesem haben mich sehr viele Leserinnen und Leser angeschrieben und Trost gesucht. Sie hatten ihr Tier verloren und waren mit folgenden Aussagen oder Fragen konfrontiert, mit denen sie nicht umgehen konnten und auf die sie keine Antwort wussten.

»Es ist nur ein Hund. Du kannst dir einen neuen anschaffen.«
Gabi hatte ihren kleinen Mischlingshund einschläfern lassen müssen. Auf der Arbeit meldete sie sich zwei Tage krank. Als sie wieder ins Büro zurückkam, sagte ein Arbeitskollege: *»Es ist nur ein Hund. Du kannst dir doch jederzeit einen neuen anschaffen.«*

Für mich ist das leider der gängigste und dümmste Versuch, andere zu trösten, und kommt meist von Menschen, die keine Tiere besitzen. Sie selbst wissen sehr genau, dass die Beziehung, die Sie zu Ihrem Hund hatten, für Sie beide einzigartig war. Wenn Sie diesen Spruch hören, sollten Sie sich verabschieden. Sich darauf einzulassen und zu versuchen, zu erklären oder jemanden zu erziehen, braucht Zeit und kann extrem anstrengend sein. In Ihrer Trauer sollten Sie Ihre Energie nicht auf jemanden verschwenden, der Sie nicht versteht.

»Du trauerst immer noch? Findest du nicht, dass es langsam reicht? Das Leben muss doch weitergehen.«
Manche Bekannte haben nach dem Tod von Shira und auch von Lady hartnäckig versucht, mich aufzuheitern, und permanent nachgefragt, ob ich »die Sache« endlich hinter mir gelassen hätte. Das ist eine äußerst unsensible Frage. Sie legt nahe, dass es eine zeitliche Begrenzung des Trauerprozesses geben müsse und dass ich es zu weit getrieben hätte. Unser Umfeld will wissen, wann wir wieder »normal« werden. Wir sollen den Schmerz hinter uns

lassen. Sie wünschen sich unser altes »Ich« zurück – lebensfroh und fröhlich. Es herrscht ein großer Druck, so schnell wie möglich über den Verlust hinwegzukommen. Aber das alte Ich gibt es nicht mehr, und es wird auch nicht wiederkommen. Mich macht diese Frage wütend. Als ob es einen Zeitplan für die Trauer gäbe! Ich versuche höflich zu sein und antworte nur: »Ja, ich trauere noch.« Dann drehe ich mich um und gehe. Ich will mein Recht auf Trauer nicht verteidigen müssen.

»O ja, ich erinnere mich, was ich nach dem Tod meines Hundes getan habe.«

Das klingt unterstützend und verständnisvoll. Aber es kann auch überwältigen und Schuldgefühle hervorrufen. Wenn ich mitten in der Trauer stecke und gerade versuche, meine Gefühle und die neue Situation zu verarbeiten, will ich nicht hören, was andere Menschen durchgemacht haben – und mich möglicherweise dann auch noch verpflichtet fühlen, sie zu trösten. Mit Verlaub und allem Respekt: Sie sind jetzt in einer extrem verletzlichen Situation und sollten alles tun, um selbst zu heilen.

Sagen Sie einfach: »Ich schätze deine Besorgnis, aber ich muss jetzt meine eigenen Gefühle verarbeiten.«

Bin ich egoistisch, den Tod eines Tieres zu betrauern, wenn es so viel menschliches Leid in unserer Welt gibt?

Sie haben Ihren Hund geliebt. Die Trauer darüber, dass er gestorben ist, ist für Sie bedeutsam und wichtig. Menschen sind in der Lage, sowohl um Tiere als auch um Menschen gleichzeitig zu trauern. Sie müssen sich nicht für das eine oder das andere entscheiden. Indem Sie um Ihren Hund trauern, zeigen Sie Mitgefühl für die Welt als Ganzes. Das ist ein wunderbarer Charakterzug. Die Erkenntnis, dass Ihr Herz zu einer solchen Liebe fähig ist, wird Ihnen ungeheure Kraft geben, zu heilen – und wieder zu lieben, sowohl Tiere als auch Menschen.

Muss ich in meiner Trauer »stark« sein?

»Als mein Hund starb, hatte ich anfangs große Angst zu weinen, weil ich befürchtete, dass ich dann nie mehr würde aufhören können«, schrieb Leo. »Wenn ich mich als Mann so gehen lasse und rumheule, würden mich alle für verrückt halten.«

Wie Leo hatte auch ich sowohl bei Shiras als auch bei Ladys Tod Angst, zu weinen. Gleichzeitig schien der Schmerz das einzige Merkmal zu sein, das mich daran erinnerte, wie viel sie mir bedeutet hatten. Je mehr sie mir bedeutet hatten, umso stärker müsste doch der Schmerz sein.

Leider betrachtet unsere Gesellschaft tiefe Trauergefühle als Zeichen von Schwäche, besonders im Hinblick auf Tiere. Sich beim Verlust eines geliebten Hundes traurig, ängstlich, einsam oder deprimiert zu fühlen, ist aber völlig normal. In der akuten Situation des Todes oder unmittelbar nach einem Verlust ist es üblich, unkontrolliert und intensiv zu weinen. So verarbeitet der Körper den Schock des Verlustes und baut Stress ab. Das Stärkste, was Sie jetzt tun können, ist, sich den Raum zum Weinen zu erlauben.

Weinen bedeutet nicht, dass man schwach ist. Tatsächlich gehört Stärke dazu, diese schwierigen Gefühle zu akzeptieren und sich darauf einzulassen. Lassen Sie diese Emotionen und körperlichen Empfindungen zu. Es gibt einen Grund dafür, dass Sie sie haben: Sie empfinden Mitgefühl für andere Lebewesen. Das ist außerordentlich schön!

Wird die Trauer eines Tages verschwinden?

Das ist eine Frage, die mir sehr oft gestellt wird. Ich wünschte, ich könnte Ihnen das versprechen. Aber leider verschwindet die Trauer nicht. Auch nicht beim nächsten, dritten oder vierten Hund. Und das ist in Ordnung. Unsere Trauer ändert sich mit jedem Tag. Sie werden Ihren Hund nie vergessen, aber Ihre Gefühle und Ihr Schmerz werden sich ändern, und es wird eine Zeit geben, in der Sie wieder Freude empfinden werden. Wir hören nie auf, den Verlust eines Haustiers zu betrauern. Aber wir lernen, im Leben wieder mit schönen Erinnerungen voranzukommen.

Irgendwann im Verlauf Ihrer Trauerreise werden Sie müde und erschöpft von den Schmerzen sein. Sie wollen einfach nur, dass alles aufhört und Sie Frieden finden. Es braucht Arbeit, Geduld und viel Zeit, Ihre Trauer zu heilen. Nehmen Sie sich diese Zeit. Es ist wirklich wichtig, Ihre Gefühle zuzulassen und sie zu durchleben. Ihr Kummer geht nicht von alleine weg. Trauer hat das große Talent, einen zu überraschen, wenn man es am wenigsten erwartet. Es ist nicht ungewöhnlich, dass tiefe Gefühle der Trauer auch Jahre später wieder auftauchen. Es ist normal, wenn dies geschieht.

Wenn mich noch Jahrzehnte nach dem Tod meiner Hunde Sehnsucht und Trauer überwältigen, dann bin ich dankbar. Es gibt mir die Gelegenheit, ihnen noch einmal »Ich liebe dich« zu sagen.

Ist es schlimm, sich froh oder erleichtert zu fühlen, wenn ein Tier gestorben ist?

Wenn Ihr Hund Schmerzen hatte, empfinden Sie vielleicht Erleichterung oder sind sogar ein wenig froh über seinen Tod. Das ist normal. Wenn Sie täglich mit dem Schmerz und dem Leid eines geliebten Lebewesens konfrontiert sind, kann das emotional, körperlich und geistig alles von Ihnen fordern. Es bricht Ihnen das Herz. Darum sind nach dem Tod Ihres vierbeinigen Lebenspartners auch Erleichterung und sogar ein gewisses Glücksgefühl ganz normale Gefühle der Trauer. Nein, Sie sind kein schrecklicher Mensch, sondern Ihnen wird bewusst, dass Ihr Tier nun nicht mehr leidet.

Als ich meine gute Freundin Pat in Amerika in den letzten Tagen ihrer schweren Krebserkrankung und beim Sterben begleitet habe, konnte ich nach ihrem erlösenden Tod vor lauter Erschöpfung nicht weinen. Ich fuhr mit dem Auto nach Hause und hörte im Autoradio das Lied der Country-Sängerin Lee Ann Womack »I Hope You Dance«. Lauthals sang ich mit, während mir die Tränen über das Gesicht liefen.

In dem Lied geht es darum, was wir uns für unsere Kinder – und für uns alle – wünschen sollten: niemals aufzuhören, neugierig zu sein! Sich den Hunger zu erhalten, auch wenn man satt und zufrieden ist. Nicht den kleinsten Atemzug für selbstverständlich zu halten. Und sich angesichts eines Ozeans immer klein und unbedeutend zu fühlen. Wann immer sich eine Tür schließt, soll eine andere für uns aufgehen.

Das Lied endet mit dem Rat: »Wenn du vor die Wahl gestellt wirst, Probleme auszusitzen oder drauflos zu tanzen, dann entscheide dich fürs Tanzen!«[8]

Das wäre auch Pats Rat an mich gewesen. Während das Lied lief, dachte ich daran, dass sie endlich die Schmerzen überstanden hatte. Ich war froh, dass ich sie gekannt hatte. Im Angesicht des Todes war ich unendlich dankbar für dieses wunderbare, grandiose, einzigartige Leben, das wir haben, und für die Liebe, die uns Menschen und Tiere schenken.

Wenn wir um den Tod von Freunden – Zwei- oder Vierbeinern – trauern, ist es in Ordnung, Momente der Freude zu erleben. Das bedeutet nicht, dass wir unsere Lieben vergessen. Freude und Lachen gehören zum Leben. So verschafft Ihnen Ihr Körper eine Verschnaufpause von Stress, Schmerz und Angst. Es ist ein Überlebensmechanismus, den Sie nicht zu fürchten brauchen. Freude ist Erste Hilfe für die Seele.

Ich fühle mich so allein

Man hat uns beigebracht, dass wir stark und unabhängig sein müssen und unsere Trauer nicht teilen sollen. Das würde andere belasten, und es sei unangemessen, andere Menschen wissen zu lassen, wie wir uns fühlen. Das ist einfach nicht wahr. Tatsächlich ist es wichtig, auf diejenigen zuzugehen, die Sie ehrlich unterstützen und nicht urteilen. Sie werden sich davor schützen wollen, dafür verurteilt zu werden, dass Sie Ihren Hund lieben und über seinen Tod weinen. Deshalb sollten Sie die, denen Sie sich anvertrauen, sehr sorgfältig auswählen.

Seien Sie nicht enttäuscht, wenn Sie nicht von allen verstanden werden. Trauern Sie stattdessen in einem sicheren und angemessenen Raum, unter Menschen, denen Sie vertrauen.

Wo könnten Sie einen solchen Ort finden? Vielleicht unter Freunden und gleichgesinnten Tierbesitzern. Auch das Internet bietet viele Plattformen von virtuellen Gemeinschaften, die Quellen der Ermutigung, Unterstützung und Sympathie sein können. Suchmaschinen helfen Ihnen, diese Gruppen zu finden. Tierliebhaber sind sehr kommunikativ. Sie lieben es, Geschichten, Fotos und Erinnerungen online zu teilen.

Tierbezogene Newsletter und Blogs können uns mit anderen Menschen auf eine Weise miteinander verbinden, die außerordentlich hilfreich sein kann, wenn ein Haustier stirbt.

Natürlich ist das Internet kein Ersatz für eine mitfühlende Umarmung oder ein liebevolles, zuhörendes Ohr. Aber manchmal macht die Anonymität es einfacher, ehrlich und offen zu sein und Menschen zu finden, die uns verstehen.

Jedoch birgt das Posten sensibler Inhalte in Onlinegruppen auch Risiken. Gedenkseiten sind oft für jeden zugänglich, der ein Facebook-Konto hat. Dies kann Menschen, die weder Sie noch Ihren Hund kannten, dazu ermutigen, unangemessene Kommentare zu posten. Schlimmer noch, es können auch Internet-Trolle angezogen werden, die vorsätzlich und mit provozierenden Kommentaren andere verletzen wollen.

Um sich das zu ersparen und sich zu schützen, können Sie beispielsweise einer geschlossenen statt einer öffentlichen Gruppe auf Facebook beitreten. Und Sie sollten nicht vergessen, dass soziale Medien zwar ein nützliches Werkzeug sind, um mit anderen in Kontakt zu treten, dass sie aber nicht die persönliche Verbindung und Unterstützung ersetzen können, die Sie in dieser Zeit brauchen.

Als Shira starb und ich das online bekanntgab, habe ich unglaublich viel Trost und Zuspruch von anderen Tierbesitzern und von Ihnen, den Leserinnen und Lesern, erhalten. Ich fühlte mich verstanden und aufgehoben. Für Sie habe ich dieses Buch geschrieben. Ich kenne die wenigsten von Ihnen, aber ich bin mit Ihnen verbunden – durch unseren Schmerz.

Andere trösten

Wenn Sie selbst durch das Tal der Tränen gegangen sind und einen schmerzhaften Verlust erlebt haben, können Sie auch eine Stütze für einen Freund oder eine Freundin in einer ähnlichen Situation sein.

Ihr eigener Verlust wird Ihnen helfen, für andere da zu sein, wenn deren Zeit zum Trauern gekommen ist. Wenn Sie einen Freund trösten wollen, dann scheuen Sie sich nicht, ihn anzusprechen. Haben Sie keine Angst. Niemand verlangt von Ihnen, dass Sie perfekt sind. Es ist okay, wenn Sie zugeben: »Ich habe keinen Schimmer, was ich sagen soll. Aber ich mache mir Sorgen um dich.«

Oder sagen Sie einfach nur: »Es tut mir leid. Ich weiß, wie du dich fühlst. Ich weiß, dass es sehr schwer ist.«

Und in der Tat, das wissen Sie. Selten sind wir in unserem Leben so empathisch wie im größten Leid. Ihre Aufgabe besteht darin, das Leid Ihrer Freunde mitanzusehen – und dem Drang zu widerstehen, es reparieren oder wiedergutmachen zu wollen. Das ist ungeheuer schwer. Am besten helfen Sie Trauernden, indem Sie ihnen ihren Schmerz lassen. Ich wollte nach Shiras Tod keine Ratschläge hören und nicht geheilt oder gerettet werden – nur wahrgenommen, gesehen und angehört. Jeder noch so gut gemeinte, ja verzweifelte Versuch von Freunden, mir zu helfen, war für mich fast unerträglich. Ich zog mich in mein Schneckenhaus zurück.

Wir können jemandem, der tief leidet, keine »Rettung« bieten. Doch wir haben etwas Besseres: unsere Selbsthingabe in Form von persönlicher Präsenz und Aufmerksamkeit.

Und manchmal gibt es auch ganz praktische Hilfe, die Sie anbieten können, indem Sie zum Beispiel Alltagsdinge für Ihre traurigen Freunde übernehmen wie Einkaufen, Putzen, Gartenarbeit. Aber fragen Sie vorher. Ganz generell (nicht nur in der Trauer) ist es wichtig, erst die Erlaubnis einzuholen, bevor man einen Rat gibt oder Hilfe anbietet.

»Ich fahre heute Nachmittag zum Einkaufen. Soll ich dir was mitbringen?«

»Ich habe einen großen Topf Suppe gekocht. Du hast nicht viel gegessen in letzter Zeit. Kann ich dir etwas vorbeibringen?

»Heute ist es so schön warm. Wollen wir zusammen einen Spaziergang machen?«

Nehmen Sie es nicht persönlich, wenn Ihr Angebot nicht angenommen wird. Manche Menschen finden mehr Trost darin, ihre Trauer allein zu verarbeiten. Zeigen Sie einfach, dass Sie da sind. Und seien Sie bereit, keine Antworten zu bekommen. Manchmal sind die tröstlichsten Worte keine Worte.

Hören Sie zu. Seien Sie ein Freund. Seien Sie Liebe.

ANDERE VERLUSTE

Wir trauern, wenn wir etwas verlieren, das wir geliebt haben. Dabei bezieht sich unsere Trauer nicht nur auf den körperlichen Tod, sondern kann verschiedene Ursachen haben. Wir trauern um Träume, die wir nicht verwirklichen können, um Fähigkeiten, die wir einmal hatten und verloren haben, und wir trauern bei Abschieden, Trennungen und Scheidungen – selbst wenn diese vielleicht die beste Entscheidung für uns gewesen sind.

Bei einer Scheidung oder Trennung

Unser Leben mit einem Partner zu teilen, bedeutet, unsere Herzen auch für seine Tiere zu öffnen, sie als Familie zu betrachten. Manchmal sind der Hund der Partnerin oder die Katze des Partners die ersten nicht menschlichen Kinder in dieser Beziehung.

Die Bindung, die wir mit dem Hund der Lebensgefährtin teilen, wächst, als wäre es unser eigener, und wir gewinnen ihn genauso lieb. Es macht durchaus Sinn, dass wir seinen Verlust betrauern, wenn die Beziehung zerbricht. Es kann sogar sein, dass wir mehr Trauer um das Tier empfinden, da die Beziehung zu ihm die gesündere war.

Während wir beim Tod eines geliebten Tieres um die Endgültigkeit des Verlustes wissen, wird der Hund bei einer Trennung ohne uns weiterleben. Dass wir daran nicht mehr teilhaben können, kann großen Schmerz verursachen.

Ein Trost könnte in der Gewissheit liegen, den Hund beim ehemaligen Partner in guten Händen zu wissen, zum Beispiel, weil dieser mehr Zeit hat als man selbst oder weil das Tier im gewohnten Lebensumfeld bleiben kann.

Aber üblicherweise sind Beziehungen, die enden, nie einfach, und manche Trennungen sind schlimmer als andere. Das Tier könnte als »Sicherheit« benutzt werden oder als Möglichkeit, sich an dem Partner zu rächen oder ihn zu erpressen. Viele misshandelte Ehefrauen bleiben bei ihren Partnern, weil sie Angst haben, dass dieser sich sonst an ihrem Hund rächt. Schafft es eine Frau schließlich, in ein Frauenhaus zu flüchten, sind Tiere dort oft nicht erlaubt. Dann kommt zur Trauer über den Verlust auch noch die Angst hinzu, was mit dem Hund geschieht – und diese Angst ist oftmals berechtigt. Tatsächlich kommt es vor, dass Tiere vom verlassenen Partner brutal behandelt oder sogar getötet werden.

Wenn man erfährt, dass man sein geliebtes Tier nicht mehr sehen darf, kann das absolut herzzerreißend sein. Sie werden sich mit Fragen quälen: Fühlt es sich von mir im Stich gelassen? Wie geht es ihm? Mit jedem Hund, dem Sie auf der Straße begegnen und der ähnlich aussieht, kommt der Schmerz zurück.

Fakt ist: Es tut so weh, weil wir so tief lieben. Wenn wir unser Herz mit jemandem teilen, ob Zwei- oder Vierbeiner, sind wir immer dem Risiko von Schmerz und Verletzlichkeit ausgesetzt, wenn die Beziehung endet. Dann trauern wir nicht nur um die Beziehung selbst, sondern auch um den Verlust unserer Hoffnungen, Träume und Erinnerungen, die wir mit einem anderen Menschen geteilt haben.

Gleichzeitig weinen wir um den Verlust eines Begleiters, eines Tieres, das einen besonderen Platz in unserem Leben einnahm und uns so viel Freude bereitet hat. Wir sehnen uns danach, es zurückzuhaben. Wir fühlen uns verletzt und projizieren vielleicht die Schuld auf uns selbst oder die andere Person.

All diese Gefühle sind während des gesamten Prozesses normal. Das Wichtigste, was wir jetzt tun können, ist, weiter durch die Trauer zu gehen. Einen Fuß vor den anderen zu setzen, auch wenn die Schritte winzig sind. Manchmal bleibt nur, uns dazu zu ermahnen, weiter nach vorne zu schauen und nicht um anderer willen in einer für uns toxischen Beziehung zu bleiben, selbst wenn wir den geliebten Hund zurücklassen müssen. Der Weg durch die Trauer negiert niemals die Erinnerungen, die Erfahrungen oder die Liebe, die wir mit unseren zwei- oder vierbeinigen Lebensgefährten geteilt haben. Wir lernen, wir wachsen, wir trauern.

Animal Hoarding

Wenn es das einzige Lebensziel eines Menschen ist, sich um vernachlässigte Lebewesen zu kümmern, und er zwanzig, fünfzig oder mehr Hunde, Katzen oder andere Tiere aufnimmt, um sie zu »retten«, kann eine Tiersammelsucht vorliegen (Animal Hoarding). Oft wächst diesen Menschen die Fürsorge für die vielen Tiere vollkommen über den Kopf. Es fehlt an Futter, Wasser, Hygiene, Pflege und tierärztlicher Betreuung. Sie erkennen nicht, dass es den Tieren in ihrer Obhut schlecht geht, und verlieren jeden Bezug zur Realität. Nachbarn, die sich vom Geruch und Lärm belästigt fühlen, erstatten Anzeige und fordern die Entfernung der Hunde – sicher zu Recht und im Interesse der Tiere. Aus Sorge um sie verzweifeln die zurückgelassenen Halter, die sich selbst als »Tierliebhaber« bezeichnen und Ehrfurcht vor dem Leben als Synonym für die Erhaltung von Leben verstehen, unabhängig von dessen Qualität. In der Regel sind sie nicht in der Lage, anzuerkennen, dass viele der Tiere in ihrer Obhut Opfer von grober Vernachlässigung sind. Für sie ist es keine akzeptable Option, die Gesamtzahl der Hunde und Katzen, für

die sie verantwortlich sind, zu reduzieren. Solche Personen sind extrem kontrollierend in Bezug auf jeden Aspekt des Lebens der Tiere und weigern sich hartnäckig, sich von einem von ihnen zu trennen, sei es durch Adoption der relativ gesunden oder durch Euthanasie der todkranken Tiere. Tiersammler glauben fest daran, dass Tiere in einer elenden Umgebung vollkommen glücklich sein können, da jede Art von Leben dem Tod vorzuziehen sei. Selbst nachdem sie wegen Tierquälerei vorgeladen oder verurteilt wurden, kehren sie oft zum Tiersammeln zurück. Ihr persönliches Motto, um ihr Selbstwertgefühl zu erhalten, lautet: Je mehr Hunde ich rette, desto besser bin ich. Das »Animal Hoarding« ist eine ernste psychische Störung und behandlungsbedürftig.

Im Katastrophenfall

Die plötzliche und manchmal schreckliche Art und Weise, in der Haustiere bei Katastrophen von Menschen getrennt werden, kann bei jenen, die bereits mit den Herausforderungen des täglichen Überlebens zu kämpfen haben, ein erhebliches Trauma verursachen. Wenn die Bindung zwischen Mensch und Tier unterbrochen wird, egal ob der Verlust vorhersehbar ist (wie bei einer langwierigen unheilbaren Krankheit) oder plötzlich eintritt (wie bei Unfällen oder Katastrophen), können Menschen so traumatisiert sein, dass sie Gefahr laufen, Symptome einer schweren psychischen Erkrankung zu entwickeln. Dies kann übrigens auch auf Ersthelfer zutreffen, die während einer Katastrophe Tieren beistehen.

Als der Hurrikan Katrina im Jahr 2005 New Orleans überschwemmte, waren die Medien voller Geschichten über verlassene und ausgesetzte Haustiere. Ein besonderer Fall, der große Aufmerksamkeit erregte, war der von »Snowball«, einem kleinen weißen Hund, der durch die Berichterstattung über die Evakuierung des Louisiana Superdome in New Orleans bekannt wurde. Die Behörden, die den Evakuierten beim Einsteigen in die Busse halfen, weigerten sich, Haustiere an Bord zu lassen. Als ein Polizeibeamter einem kleinen Jungen seinen Hund aus dem Arm nahm, weinte das Kind verzweifelt, bis es sich übergab. »Snowball, Snowball«, schrie es.

Die »Geschichte vom kleinen Hund, der das Herz der Nation brach« berührte die Menschen und wurde zu einem zentralen Thema in Spendenaufrufen von Wohlfahrtsorganisationen.[9] Verschiedene Websites wurden von Menschen eingerichtet, die um Spenden baten, um Snowball ausfindig zu machen und ihn mit dem Jungen wieder zusammenzubringen. Leider vergeblich.

Eine weitere dramatische Geschichte berichtet von einem Mann und seinem Hund, die vor den Wassermassen auf ein Dach geflüchtet waren, als sich ein Rettungsboot näherte. Die Retter weigerten sich, den Hund mitzunehmen, und informierten den Mann, dass ein spezielles Boot für Tiere auf dem Weg sei. Sein Hund solle sitzen bleiben und warten. Als das Wasser immer weiter stieg, geriet der Mann in Panik und bestieg das Boot. Zuvor sagte er noch zu seinem Hund: »Sitz und bleib«. Unter Tränen versprach er ihm, dass Hilfe auf dem Weg sei. Als der Mann in Sicherheit war, fand er heraus, dass kein Boot auf dem Weg war, um die Tiere zu retten: Er war belogen worden. Erst zehn Tage nach seiner eigenen Rettung gelang es ihm, mit Freunden ein Boot zu organisieren, das ihn zu seinem überfluteten Haus zurückbrachte. Zu seiner großen Überraschung und Freude hatte der Hund tatsächlich sein Kommando »Sitz und bleib« befolgt und saß immer noch dort, wo er ihn zurückgelassen hatte. Er war sehr dünn und offensichtlich krank, nachdem er so lange ohne Futter und nur mit verunreinigtem Wasser hatte auskommen müssen. Aber er hatte auf seinen Besitzer gewartet, und beide waren wieder glücklich vereint.

Ich habe größte Sympathie für die ältere Frau, die im Schlafanzug und mit einem Gewehr im Anschlag neben ihrem Hund auf dem Dach ausharrte und alle Rettungsboote verjagte, die sich weigerten, ihren Hund mitzunehmen. Vierundvierzig Prozent der Menschen in New Orleans, die eine Evakuierung ablehnten, taten dies, weil sie ihre Tiere nicht im Stich lassen wollten.[10] Ihr Schicksal, die große Medienaufmerksamkeit und die Proteste von Tierschützern führten dazu, dass die US-Regierung 2006 den *Pets Evacuation and Transportation Standards Act* (PETS Act)[11] erließ, der verlangt, dass bei der Evakuierung von Einwohnern im Katastrophenfall auch Haustiere berücksichtigt und tierfreundliche Notunterkünfte zur Verfügung gestellt werden.

Im Gegensatz zu den USA gibt es in Deutschland eine solche Regelung nicht, was bei der Flutkatastrophe im Ahrtal im Juli 2021 zu zahlreichen tierischen und menschlichen Todesopfern führte. Hundertvierunddreißig Menschen kamen nach offiziellen Angaben ums Leben.[12] Es wird vermutet, dass die Dunkelziffer deutlich höher ist, weil noch nicht alle Opfer gefunden wurden. Durch die Ahrtalflut wurden viele Haustiere von ihren Besitzern getrennt oder sind vor den Fluten geflüchtet. Andere wurden von den Wassermassen mitgerissen und teilweise kilometerweit weggespült.

Die Retter gehen davon aus, dass auch einige Menschen gestorben sind, weil sie ihre Tiere nicht mitnehmen durften und daher ihre Häuser nicht verließen. In Notaufnahmeeinrichtungen sind in der Regel Tiere verboten. Hinzu kommt, dass nun, nach der Katastrophe, viele Menschen wegen ihrer Tiere keine Wohnung finden.

Ehrenamtliche Helfer und Tierschützer waren vor Ort im Dauereinsatz, um Mensch und Tier zu helfen. Die Tierschutzorganisation TASSO e.V. rief mit dem Projekt »Trockene Pfoten«[13] zur Hilfe in den betroffenen Regionen auf. Für die Zukunft soll versuchen werden, gemeinsam mit dem Bundesverband Gemeinschaft Deutscher Tierrettungsdienste e.V. Lösungen zu finden, um für den Katastrophenfall auch die Rettung von Tieren gesetzlich zu verankern. Als Tierbesitzer können Sie selbst für den Ernstfall einer Katastrophe Vorbereitungen treffen: Packen Sie einen kleinen Notfallkoffer mit den Impfpässen Ihrer Tiere, den wichtigsten Medikamenten und Futter, falls Sie einen Allergiker haben. Deponieren Sie alles griffbereit, am besten in der Nähe der Haustür. Wenn Sie Ihrem Hund beigebracht haben, sich an der Haustür ruhig hinzusetzen und problemlos anleinen zu lassen, wenn es nach draußen geht, ersparen Sie sich in einem Notfall viel Stress.

Wenn man wie bei der Ahrtalflut mit dem Horror des Verlustes von Haus, Eigentum, Arbeitsplatz und geliebten Menschen konfrontiert wird, kann die Anwesenheit eines treuen tierischen Begleiters den Unterschied machen zwischen völliger Verzweiflung und der Kraft und dem Willen, weiterzumachen. Überlebende einer Katastrophe können Hoffnung finden, indem sie sich um ein Tier kümmern, das ohne ihr lebensrettendes Eingreifen vielleicht umgekommen wäre. Sie können ihren Hund in einer Zeit beschützen und pflegen, in der sie die Kontrolle über viele Aspekte des täglichen Lebens verloren haben. Die bedingungslose Liebe, die Tiere im Gegenzug bieten, bringt Menschen unermesslichen Trost in einer Zeit von großem Stress und Leid.

Wenn ein Tier verschwindet

Die meisten Menschen denken beim Verlust eines Hundes an den Tod. Aber es gibt auch andere Arten des Verlustes, die traumatisch sein können.

Manchmal sind wir selbst oder ein Familienmitglied schuld, wenn der Hund wegläuft. Vielleicht hat jemand vergessen, das Tor zu schließen, oder Sie haben zu viele Einkaufstaschen getragen und nicht gesehen, dass Bello durch die sich schließende Haustür entwischt ist. Möglicherweise ist er beim Spaziergang aus dem Halsband gerutscht und hat sich nicht mehr einfangen lassen.

Viele Hunde werden gestohlen, wenn sie angeleint vor einem Geschäft auf ihre Halter warten oder sich auf einem nicht eingezäunten Grundstück aufhalten. In unserer Stadt hatten sich Jugendliche einen Spaß daraus gemacht, Hunde aus Gärten zu stehlen und als »Fundsache« zurückzubringen, wenn eine Belohnung ausgeschrieben wurde. In einem solchen Fall ist unser Liebling wenigstens nicht für immer verloren. Aber es gibt auch die professionellen Hundefänger, die vor allem weibliche Rassehunde an »Hundevermehrer« verkaufen. Dort fristen die Hündinnen dann ein elendes Leben als »Zuchtmaschinen«.

Der schwierigste Faktor, mit dem man konfrontiert wird, wenn ein Haustier verschwindet, ist die Ungewissheit. Tausend Szenarien gehen uns durch den Kopf. Was ist geschehen? Wo ist der Hund jetzt? Geht es ihm gut? Wurde er von einer liebevollen Familie gefunden und aufgenommen? Lebt er noch? Schon der Gedanke, dass unser Liebling jetzt irgendwo eingesperrt ist und gequält wird, ist eine Tortur, und solange wir nicht wissen, was passiert ist, gibt es keine Erlösung von dem Schmerz. Wie lange wollen Sie auf seine Rückkehr warten? Wenn Sie wenigstens wüssten, dass er tot ist, könnten Sie anfangen zu trauern. So aber bleibt Ihr Leben lang eine schreckliche Ungewissheit.

In Ihrer Trauer kann es helfen, produktiv zu sein. Hängen Sie im Supermarkt oder an Straßenlaternen »Vermisst!«-Zettel auf, benachrichtigen Sie Ihre Unterstützer im Internet und schalten Sie die Nachbarschaft ein, um nach dem vermissten Hund zu suchen.

Gleichzeitig klammern Sie sich an die Hoffnung, dass das geliebte Tier eines Tages doch wieder auftaucht. Ein kürzlich auf einer Urlaubsreise verloren gegangener Hund ist plötzlich in seinem 380 Kilometer entfernten Heimatort in Südfrankreich wiederaufgetaucht. Auf der Rückfahrt von einem Italienurlaub hatten die Besitzer von Jagdterrier Pablo einen Zwischenstopp in Savoyen eingelegt. Vom Wohnmobil aus erkundete der zweijährige Hund die Umgebung, kehrte aber anders als üblich nicht zurück. Stundenlang warteten Frauchen und Herrchen vergeblich und meldeten Pablo am nächsten Tag vor der Weiterfahrt beim Bürgermeisteramt als vermisst. Einige Tage später dann erhielten sie von Bekannten, die daheim in der Nähe des südfranzösischen Nîmes gelegentlich nach dem Haus sahen, plötzlich das Foto eines Hundes zugeschickt. »Darauf habe ich Pablo erkannt, ich konnte es nicht glauben, es war ein echter Glücksmoment«, sagte Frauchen Catherine dem Sender. Bei dem Hund handelte es sich tatsächlich um Pablo – abgemagert, aber sehr lebendig. »Wir haben uns sofort entschlossen, nach Hause zu fahren«, sagte Herrchen Roger. Anschließend kauften sie ein GPS-Halsband, damit ihnen Pablo nicht noch einmal verloren geht.[14]

Die Möglichkeit, dass der weggelaufene Hund wieder zurückkehrt, wird immer vager, je länger er verschwunden ist. Dennoch kommt es gelegentlich vor. Davon berichtet die Tierschutzorganisation und Haustierzentralregister TASSO immer wieder. Sie sollte Ihre allererste Anlaufstelle sein, wenn Ihr Tier vermisst wird. Ich empfehle Ihnen dringend, Ihren Hund oder Ihre Katze dort registrieren zu lassen. Das wird Ihnen zumindest das sichere Gefühl geben, dass im Notfall jemand für Sie da ist und Sie in Ihrer Verzweiflung nicht allein sind. Im Jahr 2020 wurden 113 000 Vierbeiner (Hunde und Katzen) als vermisst gemeldet. Mehr als 93 000 von ihnen hat die Tierschutzorganisation im selben Zeitraum wieder mit ihren Menschen vereint.[15]

Ständige Aufmerksamkeit gehört mit zur Verantwortung, die wir mit dem Einzug eines Vierbeiners übernehmen. Es ist wichtig, dass wir schon bei der Anschaffung eines Tieres alle Szenarien eines möglichen Verschwindens durchdenken und zu verhindern versuchen.

Wenn der Hund dennoch verschwindet, dann geraten wir schnell in einen Strudel aus Emotionen. Einer der schnellsten Wege, unsere Trauer zu verschlimmern und den Schmerz zu verstärken, ist, uns selbst zusätzliche Schuld zuzuweisen. Bitte, tun Sie sich das nicht an! Was geschehen ist, war keine Absicht. Sie sind nicht am Morgen aufgestanden und haben gesagt: »Heute lasse ich das Gartentor absichtlich offen, damit Bello weglaufen kann.« Fehler zu machen, ist ein Teil des menschlichen Daseins. Schuldgefühle und Schuldzuweisungen helfen nicht.

Wie auch immer es ausgeht: Sie haben alles in Ihrer Macht Stehende getan, um Ihren Hund wiederzufinden. Nun können Sie sich auf einen Abschied vorbereiten und den Trauerprozess beginnen, indem Sie ihm Lebwohl und Danke sagen und über seinen Verlust weinen.

Alte Menschen

Als Shira starb, war ich neunundsechzig. Sie war mein dritter Hund, den ich verlor, und einer von vielen Verlusten, die ich mit zunehmendem Alter erlitten hatte. Mein Vater war im Jahr zuvor gestorben und ich hatte mich von einigen guten Freunden verabschieden müssen. Die »Einschläge« kamen näher.

Der Prozess des Alterns ist für jeden von uns mit einer Reihe von Verlusten verbunden. Unsere Kraft nimmt ab, das Wandern ersetzt das Joggen. Wir vergessen öfter etwas oder können uns nicht mehr so gut konzentrieren. Mit dem Eintritt ins Rentenalter verlieren viele von uns auch ihre finanzielle Sicherheit und Unabhängigkeit. Wenn die Kinder in einer anderen Stadt arbeiten und leben, kann dies die Einsamkeit und Isolation verstärken. Darum ist es nicht ungewöhnlich, wenn Hunde oder Katzen nach dem Auszug der Kinder die Rolle von Ersatzkindern übernehmen.

Für ältere Hundehalter ist die Beziehung zu ihrem Tier oft der Hauptgrund, jeden Morgen aufzustehen. Pflege, Füttern, Spazierengehen und Spielen mit ihrem Liebling bieten Aktivität und Bewegung nicht nur für das Tier, sondern auch für den Besitzer. Der Besitz eines Hundes lädt zu sozialen Interaktionen ein, wenn Herrchen und Frauchen miteinander ins Gespräch kommen über Rasse, Persönlichkeit oder Verhalten ihres Tieres. Die Versorgung eines abhängigen Tieres mit guter Pflege und Zuneigung trägt viel dazu bei, das Selbstwertgefühl seines Besitzers zu stärken. Manchmal vermittelt der Hund ein Gefühl von »Wir zwei gegen den Rest der Welt«.

Außerdem fühlt man sich mit einem Hund sicherer im Haus. Er kann Eindringlinge verscheuchen, seinen Besitzer darauf aufmerksam machen, dass jemand vor der Tür steht, oder im Falle eines Feuers oder einer Katastrophe Aufmerksamkeit auf sich ziehen.

Schließlich können ein Hund oder eine Katze älteren Menschen, die allein leben, Wärme und Zuneigung geben. Tiere bleiben meist Tag und Nacht treu an der Seite ihrer Besitzer und hören geduldig zu, wenn die ihnen die uralten Geschichten immer und immer wieder erzählen. Unser Hund bietet Gesellschaft und bedingungslose Liebe. Wenn er stirbt, verändert sich die Routine und die einfachen Freuden des täglichen Lebens werden ernsthaft beeinträchtigt.

Simone lebte mit ihrer Mischlingshündin Nala in einem Apartmentkomplex und war nur flüchtig mit ihren Nachbarn bekannt. Ihre Kinder waren fortgezogen, und ihr Mann hatte sie vor Jahren verlassen. Viele ihrer Freunde waren verstorben oder in Seniorenheime gezogen. Die meiste Zeit verbrachte sie in der Gesellschaft von Nala, mit der sie ihre tägliche Routine teilte. Sie frühstückten gemeinsam, gingen regelmäßig spazieren, und wenn Simone fernsah, unterhielt sie sich mit ihrem Liebling, der sich neben ihr auf dem Sofa ausgebreitet hatte, über die Handlung des Films.

Als Nala krank wurde, kümmerte sich Simone liebevoll um sie, bis sie in ihren Armen starb. Simone war am Boden zerstört und merkte, dass sie es in der Wohnung nicht mehr aushielt. Alles erinnerte sie an ihre Hündin. Sie zog sich in ihr Schlafzimmer zurück, wo sie fernsah, las und ihre Mahlzeiten einnahm. Sie mied die Küche und das Wohnzimmer so weit wie möglich. Sie fühlte sich innerlich leer und weinte häufig.

Ihre Freunde ermutigten Simone, einen neuen Hund zu adoptieren, aber das tat sie nicht, weil sie befürchtete, dass das Tier sie überleben würde. Außerdem konnte die Bindung, die sie mit Nala geteilt hatte, nicht ersetzt werden. Davon war sie überzeugt, und deshalb schwor sie sich, nie wieder einen Hund zu haben. Nalas Tod hatte sie an ihre eigene Sterblichkeit erinnert. Sie hatte das Gefühl, ihr Leben sei vorbei, verlor ihre Lebensfreude, gab ihre Wohnung auf und zog schließlich in eine Senioreneinrichtung.

Dort traf sie Luke, einen Therapiehund, der zusammen mit Katze Paula regelmäßig zu Besuch ins Heim kam. Simone freute sich auf die Treffen und blühte wieder auf. Sie tauschte sich mit anderen Gästen aus, die ebenfalls ihre Tiere verloren hatten, und fand so neue Freunde.

Wenn ein älterer Mensch in eine Senioreneinrichtung umzieht, kann es sein, dass er sein geliebtes Haustier nicht mitbringen darf. Oder der Hund zieht mit dem Bewohner zwar ein, stirbt dann aber, und es darf kein Ersatztier angeschafft werden. Der Senior trauert dann nicht nur um das Tier, sondern muss sich auch an den Gedanken gewöhnen, nie wieder einen Hund zu haben.

Welche wunderbare Aufgabe haben da Besuchstiere! Hunde, Katzen, ja sogar Lamas und Esel besuchen regelmäßig Alten- und Pflegeheime. Neben der körperlichen Zuneigung, dem Streicheln, bieten sie den Bewohnern eine Gelegenheit für Gespräche und die Möglichkeit, mit anderen in Kontakt zu treten und sich an »tierische« Ereignisse und Erfahrungen aus der Vergangenheit zu erinnern.

Der Verlust eines geliebten Haustieres ist schlimm, aber für Menschen im fortgeschrittenen Alter, die in diesem Lebensabschnitt am häufigsten mit Verlusten konfrontiert sind, ist er besonders schwer.

Sie haben Ehepartner, Geschwister, Kinder oder enge Freunde durch den Tod verloren. Ihre körperliche Kraft, Ausdauer und Mobilität haben nachgelassen. Mit dem Eintritt in den Ruhestand geht bei vielen die Identität mit dem früheren Beruf verloren, ebenso wie die gewohnte Routine und die Möglichkeit, am Arbeitsplatz Kontakte zu knüpfen. Wer von einem festen Einkommen gelebt hat, kann sogar seinen früheren Lebensstandard verlieren.

Angesichts dieser Verluste ist es nicht verwunderlich, dass ältere Menschen so bedeutungsvolle Beziehungen zu ihren Haustieren aufbauen und sich an sie binden. Diese Bindungen sind bedeutsam und dauerhaft und befriedigen eine ganze Reihe von körperlichen und emotionalen Bedürfnissen.

Solange wir die Bedeutung des Tieres im Leben eines älteren Menschen nicht erkennen, können wir das Ausmaß des Verlustes oder die Intensität der Trauer nicht einschätzen.

Wenn ein älterer Mensch den Verlust eines geliebten Tieres zu verkraften hat, braucht er jemanden in seinem Umfeld, an den er sich wenden kann, um Unterstützung zu erhalten, und mit dem er sich beraten kann, um eine Entscheidung über die Pflege seines Haustiers zu treffen.

Wenn Sie jemanden in dieser Situation kennen und bereit und in der Lage sind, zu helfen, habe ich einige Vorschläge:

Denken Sie daran, dass sich viele Rentner möglicherweise keine komplizierten Diagnose- und Behandlungsverfahren leisten können. Wenn ihre Haustiere krank sind oder sterben, sind sie vielleicht gezwungen, Entscheidungen über Leben und Tod auf der Grundlage ihrer finanziellen Situation zu treffen. Dann braucht Ihr älterer Freund zusätzliche Unterstützung und Verständnis.

Manchmal treffen wir Entscheidungen auf der Grundlage veralteter Informationen oder früherer schlechter Erfahrungen mit Tierärzten, dem Tod von Haustieren oder Euthanasie. Ich kann mich daran erinnern, dass in meiner Kindheit auf dem Dorf die meisten Hunde nicht eingeschläfert, sondern vom befreundeten Jäger erschossen wurden. Wenn dies die Sorge Ihres Freundes ist, sprechen Sie mit ihm darüber oder bieten Sie ihm an, ihn zum Tierarzt zu begleiten.

Ältere Menschen sind in ihrer Trauer vielleicht stoischer und stiller und trauen sich nicht, ihre Gefühle offen zu äußern. Andererseits sind sie auch erfahrener, weiser und besser in der Lage, mit dem Verlust umzugehen, als wir es ihnen zutrauen. Fragen Sie, was Ihr Freund braucht, und hören Sie ihm zu, bevor Sie ihn mit eigenen Vorschlägen und Ideen überfordern.

Eine meiner eigenen größten Sorgen ist die, was mit meiner Hündin geschieht, wenn ich selbst krank werde, einen Unfall habe, ins Krankenhaus muss oder sterbe. Wer kümmert sich dann um sie?

Es gibt Alternativen: Ich habe eine Notfallkarte in meiner Brieftasche und im Auto, auf der steht, wer sich bei einem Unfall um meine Hündin kümmert und informiert werden soll. Darauf stehen der Name und die Telefonnummer einer Kontaktperson, die sich zuvor bereit erklärt hat, für mein Tier zu sorgen, falls mir etwas geschieht. Außerdem habe ich eine Nachlassregelung[16] aufgesetzt und zu meinem Testament gelegt, die festlegt, wohin meine Hündin im Falle meines Todes gehen soll.

Seien Sie ein geduldiger, verständnisvoller Zuhörer. Mehr als alles andere brauchen ältere Menschen oft jemanden, mit dem sie ehrlich und offen über ihre eigenen Gefühle sprechen können – über andere Haustiere oder geliebte Menschen, die in der Vergangenheit gestorben sind, über frühere Verluste, die sie erlitten haben, über ihre eigene nachlassende Gesundheit oder das Altern oder sogar über ihr eigenes Sterben.

Wenn Sie selbst durch Ihr Alter oder bestimmte Umstände kein Tier mehr halten können, dann versuchen Sie, den Fokus vom Schmerz des Verlustes auf die Dankbarkeit für die gemeinsamen Erfahrungen zu verlagern. Sie haben einen Unterschied im Leben des Hundes gemacht. Dies ist der ultimative Akt der Liebe, besonders wenn Sie wissen, dass Sie ihn vermutlich nie mehr wiedersehen.

DIE LIEBE BLEIBT

Als Hundebesitzer hat jeder von uns Geschichten über seine geliebten Tiere angesammelt. Wir erzählen, dass unsere Hunde uns kennen, lieben und jedes unserer Worte verstehen. Dass sie uns vermissen, wenn wir zur Arbeit gehen, und sich nach uns sehnen, wenn wir weg sind. Ob das so stimmt, wissen wir natürlich nicht. Wir interpretieren es in sie hinein.

Wir lieben Tiere immer mehr. Im Gegensatz zu den Beziehungen mit anderen Menschen ist die zu unseren Hunden einfach und frei von Konflikten. Sie füllen die Lücken in unserem Gefühlsleben. So wie unsere Liebe zu ihnen wächst, so viel stärker werden Schmerz und Trauer, wenn sie sterben. Wenn wir uns für ein Leben mit Tieren entscheiden, müssen wir damit rechnen, Tod und Verlust kennenzulernen.

Jahrhundertelang war man der Auffassung, dass Tiere den Menschen unterlegen seien. In den letzten Jahren scheint sich das umzudrehen. Forschungen haben gezeigt, dass Tiere Emotionen haben und uns in ihrer Empathie und Altruismus oft überlegen sind. Aber unsere Hunde und Katzen sind weder unsere Brüder oder Schwestern noch unsere Kinder. Sie sind nicht unsere Untergebenen, aber auch nicht unsere Chefs. Sie leben in einem anderen emotionalen und psychischen Universum als wir. Wir lieben sie, verstehen aber wenig von ihrer Welt. Sie sind von uns abhängig, obwohl wir fast nichts von ihren großartigen Fähigkeiten der Intuition und des Instinkts haben und so wenig von ihnen wissen. Sie leben seit Jahrhunderten eng mit uns zusammen und lesen uns mit fast übernatürlicher Fähigkeit. Wir öffnen uns ihnen, vertrauen ihnen, teilen unser Zuhause und unser Bett mit ihnen. Ihre vorbehaltlose Liebe ist ganz auf uns ausgerichtet, und wir brauchen sie.

Aber wir sind unterschiedliche Spezies mit verschiedenen Regeln. Vielleicht sollten wir unsere Hunde nicht als »Menschen« sehen. Nicht als beste Freunde, Hellseher oder Objekte der Anbetung. Sie verdienen unseren Respekt ebenso wie unsere Zuneigung. Und wir sollten Sie einfach als das sehen, was sie sind.

Bei aller Tierliebe dürfen wir die Menschen nicht vergessen. Wir sind untrennbar mit unseren Tieren verbunden. Ich lebe allein und genieße die Gesellschaft meiner Hündin. Allerdings besteht die Gefahr, dass ich mich zu sehr auf sie konzentriere, sie zu meinem alleinigen Lebensinhalt mache und dazu neige, die Zweibeiner zu vergessen. Das Zitat von Arthur Schopenhauer »Seit ich die Menschen kenne, liebe ich die Tiere« wird oft und gerne zitiert. Mich macht dieses Zitat traurig. Nicht nur, weil es deutlich macht, was wir Tieren alles antun, sondern auch, weil ich die tiefe Verlorenheit derjenigen sehe, die sich mit diesem Spruch enttäuscht von ihren Mitmenschen abwenden. Ja, Menschen können grausam sein – zu Tieren, aber auch zu anderen Menschen.

Gandhi sagte, dass »die Größe einer Nation und ihr moralischer Fortschritt daran gemessen werden kann, wie ihre Tiere behandelt werden«. Das stimmt. Aber wird unser Fortschritt nicht auch durch die Art und Weise definiert, wie wir Menschen behandeln? Wir können Tiere nicht auf Kosten von Menschen lieben. Tiere halten die Liebe in uns lebendig. Sie sind unsere Brücke zu den Menschen, unser Weg zur Menschlichkeit.

Nach meiner Auffassung sollte sich unser Mitgefühl nicht nur auf unsere eigene Spezies erstrecken, sondern auf den ganzen Planeten.

Dass das Coronavirus, unter dem wir alle im Jahr 2020 und 2021 leiden mussten, von einem Tier auf einen Menschen übertragen werden konnte, hat uns alle an die enge Verbindung zwischen der menschlichen und der tierischen Welt erinnert und daran, dass das Schicksal der Tiere untrennbar mit unserem eigenen verbunden ist.

Wie oft winken wir gelangweilt ab, wenn uns Wissenschaftler warnen: »Schützt die Tiere und deren Lebensräume.«

»Ja, ja. Später, wenn ich Zeit habe.«

Erst wenn ein Virus *unser* Leben und *unsere* Lebensgrundlagen zerstört, werden wir schlagartig wach. Wir schauen unbeteiligt im Fernsehen den Aufnahmen von Buschbränden zu, die aufgrund der globalen Erwärmung entstehen. Da werden tausendjährige Wälder und Millionen von Tieren vernichtet – und es lässt uns vergleichsweise kalt. Aufmerksam werden wir erst, wenn auch unsere Häuser niederbrennen und die Städte sich mit Rauch füllen. Oder wir versuchen entsetzt zu begreifen, dass Starkregen auch in unserer kleinen Welt Sturzfluten verursachen und ganz Dörfer wegschwemmen kann. Vieles haben wir aus den Köpfen verdrängt, was nun zur aktuellen Sorge wird. Es brauchte eine Pandemie oder eine am eigenen Leib spürbare Naturkatastrophe, damit wir über unseren Umgang mit dem Planeten nachdenken und uns im Namen der Liebe sowohl um Tiere als auch um Menschen kümmern.

Das Coronavirus zeigte, wie sich unser Verhalten unmittelbar auf das Klima auswirken kann. Sowohl negativ als auch positiv. Flugstreichungen und verringerte Verkehrsaufkommen führten durch die geringeren Treibhausgasemissionen zu einer deutlichen Verbesserung der Luftqualität. Auch wenn dies nur eine temporäre Folge war, so zeigte es zumindest, was alles möglich ist.

Vor allem in den touristischen Hotspots dieser Welt bekam die Umwelt eine Verschnaufpause. Ohne die zahlreichen Kreuzfahrtschiffe und Touristenmassen zeigte sich das Wasser in Venedig kristallklar; sogar Fische waren zu sehen. In vielen öffentlichen Räumen unserer Erde kehrte die Natur zurück.

Vielleicht hat Corona auch einen Silberstreif am Horizont mit sich gebracht. Familien waren gezwungen, rund um die Uhr in unmittelbarer Nähe zusammenzuleben, und obwohl dies zweifellos Probleme und Spannungen mit sich brachte, hat es uns auch gezeigt, wie viel uns Familie und Liebe wirklich bedeuten. Als viele von uns nicht mehr zur Arbeit, zum Einkaufen oder in den Urlaub fahren konnten, nicht mehr das Fitnessstudio oder einen Verein besuchen, nicht mehr in Restaurants essen oder sich im Café treffen konnten, waren wir zum ersten Mal gezwungen, darüber nachzudenken, wie wir miteinander, mit den Tieren und unserem Planeten umgehen. Wir haben uns um unsere Familien gekümmert und auf Nachbarn und Kollegen geachtet. Aber es war auch wichtig, uns an dem Band der Liebe zu erfreuen, das wir mit unseren tierischen Begleitern teilen. Wir haben erkannt, dass das Zusammensein mit ihnen uns menschlicher, freundlicher, mitfühlender und einfühlsamer gemacht hat.

Ich wünsche mir, dass wir das in den Zeiten nach der Pandemie im Trubel des Alltags nicht vergessen. Ob uns das allerdings gelingt, ist fraglich, denn schon jetzt, wo das Ende von Homeoffice & Co. absehbar ist, füllen sich wieder die Tierheime mit »Corona-Hunden«, die während der Pandemie oft aus Langeweile angeschafft wurden und nun lästig werden.

Manchmal müssen wir gebrochen sein und die Dunkelheit sehen, um das Licht zu schätzen. Ich habe viel aus meiner Trauer um Shira gelernt. Durch den Schmerz über ihren Tod habe ich erfahren, dass ich widerstandsfähiger bin, als ich dachte. Es gibt jetzt mehr gute als schlechte Tage für mich – und es gibt Hoffnung und Licht. Ich kann nicht sagen, dass es einfach war, diesen Weg zu gehen, aber ich kann sagen, dass ich Frieden gefunden habe. Das macht den Verlust nicht kleiner, aber die Tage sind besser zu ertragen. Ich werde nicht mehr mit derselben Leichtigkeit durch die Welt gehen wie zuvor, aber ich werde die Schönheit des Lebens wieder sehen können.

Ich werde Shira nie vergessen. Und ich ehre ihr Leben, indem ich in Liebe nach vorn schaue und mein eigenes weiterlebe. Ich glaube fest daran, dass ich Shira (und meine anderen Hunde) eines Tages wiedersehen werde. Das wird der wunderbarste Tag sein.

Wenn Ihr Schmerz noch frisch ist, kann Ihnen vielleicht mein Vorschlag in Ihrer Trauer helfen: Wenn Ihr Haustier stirbt, denken Sie nicht allein an den Hund oder die Katze, sondern auch an die Menschen, die es berührt hat. An die Liebe, das Lachen und den Trost, die es anderen gebracht hat. Und denken Sie dabei auch an die Menschen, die Sie gekannt und geliebt haben und die nicht mehr bei Ihnen sind.

Wenn die Zeit kommt, sich von Ihrem geliebten Vierbeiner zu verabschieden, flüstern Sie: »Danke. Ich lasse dich gehen und feiere deine Zeit mit uns.«

TEIL ZWEI
NEUANFANG

EIN ANDERES LEBEN

»Es gibt eine Zeit für Vorsicht. Und es gibt eine Zeit für Wagemut.« Diese Botschaft gibt John Keating, Lehrer für englische Literatur, seinen Schülern in meinem Lieblingsfilm *Club der toten Dichter* mit auf den Lebensweg.

Nach Shiras Tod war ich vorsichtig geworden. So vorsichtig, dass ich kaum noch wagte, mich zu rühren, geschweige denn, etwas zu fühlen. Die Trauer hatte mich dünnhäutig gemacht. Ich wollte diese Tortur des Verlustes nicht noch einmal durchmachen und konzentrierte mich stattdessen auf die positiven Seiten eines Lebens ohne Vierbeiner.

Plötzlich war ich frei, alles zu tun, was ich schon immer ohne Hund hatte tun wollen. Ich buchte den lang ersehnten einwöchigen Klosteraufenthalt, machte Städtereisen, besuchte kulturelle Veranstaltungen. Ich nahm mir Hotelzimmer, ohne mich vorher erkundigen zu müssen, ob Hunde erlaubt wären. Als ich mein Auto zum ersten Mal in brennender Sonne auf einem Supermarktparkplatz abschloss, tat ich dies mit einem wehmütigen und zugleich erleichterten Gefühl. Jahrelang hatte ich beim Parken Schattenplätze gesucht, um meinen Hund nicht zu gefährden.

Mein Konto füllte sich um die beträchtliche Summe, die ich monatlich für meine kranke Hündin ausgegeben hatte, und leerte sich gleich wieder für die lange aufgeschobene Renovierung meines Hauses.

Das Leben wurde um einiges leichter, aber ich hatte dennoch keine Freude daran. Ich hatte Abschied genommen von allem, was mich ausgemacht hatte: von der Wildnis, der Wolfsforschung, den Wölfen und zuletzt von Shira. Ich war eine leere Hülle, mein Leben stand still.

Wie konnte ich so vermessen sein, zu glauben, ich könnte meinen Schmerz allein überwinden? Eine feuchte Hundeschnauze in der Armbeuge, eine kleine Zunge, das Streicheln über einen Kopf, ein Blick in braune Augen, das ist es, was heilt.

Neuanfänge oder Veränderungen werden im Schmerz oder in der Enttäuschung geboren. Wenn es uns gut geht, sind wir nicht bereit, etwas zu ändern. Kummer und Schmerz jedoch öffnen uns. In Krisen und lebensverändernden Situationen erkennen wir, dass alles wahr ist, was immer gesagt wird: Wir leben nicht für immer. Du kannst dein Schicksal nicht kontrollieren. Zeit ist wertvoll.

Der US-amerikanische Autor Joseph Campbell hat einmal gesagt: »Wir müssen das Leben loslassen, das wir geplant haben, damit wir das Leben leben können, das uns erwartet.« Langsam wurde ich bereit für einen Neuanfang. Meine Zeit für Wagemut begann.

EIN NEUER HUND?

Es gibt viele wunderbare Gründe, sein Leben noch einmal mit einem Tier zu teilen, aber die Entscheidung, wann Sie das tun, ist eine sehr persönliche. Erinnern Sie sich, wie ich Ihnen im ersten Teil des Buches erzählt habe, dass Trauer ein eigenes Leben hat? Dass sie einzigartig ist, und dass jeder von uns sie anders verarbeitet? Ähnlich ist der Plan für einen neuen tierischen Gefährten auch eine ganz individuelle Entscheidung.

Es mag verlockend sein, die Leere, die der Tod Ihres Hundes hinterlässt, sofort mit einem neuen Vierbeiner zu füllen. In den meisten Fällen ist es jedoch am besten, zuerst um das verstorbene Tier zu trauern und zu warten, bis Sie emotional dazu bereit sind, Ihr Herz und Ihr Zuhause wieder zu öffnen. Ich habe sowohl nach Ladys als auch nach Shiras Tod den Fehler gemacht, mich zu früh wieder auf eine neue Hundepartnerin einzulassen. Zwar war ich am Ende glücklich mit ihr, dennoch fürchtete ich anfangs lange Zeit, ihr wegen meiner immer noch bestehenden Trauer emotional nicht gerecht zu werden, ihr den Weg zu meinem Herzen zu versperren.

Wenn man seine Gefühle unterdrückt, indem man Energie und Liebe in ein anderes Haustier investiert, wird die Trauer nicht beseitigt, sondern lediglich in den Hintergrund gedrängt, sodass sich ihre Auflösung verzögert. Der Tierhalter kann sich vielleicht sogar schuldig fühlen, weil er den neuen Hund nicht so lieben kann wie den verstorbenen.

In der Regel ist es ein Fehler, sich übereilt ein Haustier anzuschaffen, um Trauer zu vermeiden. Die meisten Menschen würden doch auch nicht auf die Idee kommen, einer trauernden Witwe vorzuschlagen, ihren verstorbenen Mann sofort zu ersetzen!

Für andere Hundehalter jedoch kann es vielleicht hilfreich sein, das Leben bald wieder mit einem tierischen Gefährten zu teilen. Es kann sie trösten und ihnen das Gefühl vermitteln, dass sie hier etwas wiedergutmachen können, was sie beim verstorbenen Tier versäumt haben oder nicht mehr tun konnten.

Wenn Sie mit mehreren Hunden leben, nehmen Sie bei der Entscheidung für einen neuen Hausbewohner Rücksicht auf die verbliebenen Gefährten und überlegen Sie, ob die sich über das hinzugekommene Familienmitglied freuen oder ärgern könnten. Einige Hunde trauern sehr um ihren verstorbenen Kumpel. Daher sollten Sie zuerst das überlebende Tier unterstützen. Lassen Sie Ihren Tieren genügend Zeit, auf ihre eigene Weise und in ihrem eigenen Zeitraum zu trauern. Sie werden erkennen, ob und wann sie wieder bereit für einen weiteren Freund sind.

Menschen und Tiere, die wir lieben, können nicht ersetzt werden. Wir können uns dafür entscheiden, eine neue Bindung zu einem *anderen* Menschen, Tier, Ort oder einer anderen Sache einzugehen, aber wir können niemals das ersetzen, was wir verloren haben. Wir können nicht den einen Hund durch einen anderen austauschen oder die einzigartige Bindung, die wir mit ihm hatten, duplizieren. Sie wird nie genau so sein wie die, die wir verloren haben. Aber ein neuer Hund kann eine schöne Möglichkeit sein, die Liebe in unserem Herzen zu teilen. Manche Menschen finden, dass der Kummer über den Verlust eines Hundes zu groß war, als dass sie ihn jemals wieder durchleben wollten. Traurigerweise entscheiden sie sich dann vielleicht dafür, keine Tiere mehr zu haben. Die meisten erkennen jedoch, dass sie ihr Leben weiterhin mit Hunden teilen möchten. Indem sie ihr Herz für einen Hund öffnen, der ein Zuhause braucht, ehren sie die Erinnerung an das verstorbene Tier. Die

Bindung zwischen Mensch und Hund ist eine wunderbare Sache. Menschen, die Hunde und Katzen lieben, sollten sie auch haben.

Bin ich bereit?

Es gibt keinen richtigen oder falschen Zeitpunkt, um einen anderen Hund in Ihr Leben zu lassen. Es liegt an Ihnen. Um sicher zu sein, dass Sie wirklich bereit sind, sollten Sie einiges berücksichtigen: Beginnen Sie damit, zu überlegen, welcher Hund der richtige für Sie sein könnte. Vermeiden Sie es, den erstbesten, der Ihnen über den Weg läuft, mit nach Hause zu nehmen.

Bevor Sie sich nach einem Hund umschauen, sollten Sie das Alter, die Persönlichkeit, das Energieniveau und die Größe Ihres idealen Hundes bestimmen. Entscheiden Sie, welche Faktoren für Sie wichtiger und welche eher unwichtig sind. Welcher Vierbeiner passt in Ihre jetzige Lebenssituation? Hat sie sich seit Ihrem letzten Hund geändert (neuer Job, Kinder, höheres Alter, Rente)? Haben Sie auch jetzt noch genug Zeit, Platz und Geld, um einem Tier über viele Jahre hinweg ein Zuhause zu geben? Welche Rasse soll es sein? Die gleiche könnte gewissermaßen Ihren alten Hund ersetzen. Oder Sie wählen etwas ganz anderes, um Vergleiche zu vermeiden. Möchten Sie einen Welpen, oder sollte er doch lieber erwachsen sein, quasi »fertig«?

Wollen Sie einen Hund vom Züchter oder eher einem Tierheimhund ein Zuhause geben? Haben Sie noch ein anderes Tier im Haus, eine Katze oder einen weiteren Hund? Wie, glauben Sie, werden die mit dem hinzugekommenen Gefährten umgehen?

Geben Sie dem neuen Vierbeiner in Ihrem Leben auf keinen Fall den Namen Ihres verstorbenen Tieres. Denken Sie sich einen Namen aus, der seine Persönlichkeit und seine besonderen Eigenheiten widerspiegelt. »Shira« ist der hebräische Ausdruck für Lied, Gesang, Gedicht. Ich habe meine Hündin so genannt, weil sie als Welpe permanent geheult und geschrien hat, wenn ihr etwas nicht passte. Zum Glück hat sich das nach kurzer Zeit gelegt, der poetische Name ist geblieben.

Erwarten Sie nicht, dass Ihr vierbeiniger Familienzuwachs dasselbe lernt, tut, genauso reagiert oder dieselben Eigenschaften hat wie der verstorbene. Das ist nicht respektvoll – keinem von beiden gegenüber. Genießen Sie stattdessen seinen einzigartigen Charakter, der Ihnen viel Liebe, Spaß und Freude schenken wird. Lassen Sie sich von den Unterschieden und Eigenarten begeistern.

Atmen Sie tief durch und vertrauen Sie auf das, was Sie in Ihrem Herzen spüren. Wenn Sie verwirrt sind oder Zweifel haben, kann das bedeuten, dass Sie noch nicht bereit sind, und das ist auch in Ordnung. Vielleicht können Sie dann ehrenamtlich im Tierschutzverein mitarbeiten oder das Tier von jemandem betreuen, der alt und krank ist.

Herzschmelze

Bei der Auswahl eines Hundes gibt es unglaublich viel zu beachten und zu entscheiden. Was den richtigen Zeitpunkt angeht, so kann ich Ihnen aus eigener Erfahrung nur raten: Lassen Sie sich auf keinen Fall drängen und nehmen Sie sich alle Zeit, die Sie brauchen.

Ich weiß, welchen Druck Freunde und wohlmeinende Familienmitglieder ausüben können, die Ihre Trauer und Ihr Leiden miterlebt haben und Sie endlich wieder glücklich sehen wollen. Wenn Sie Glück haben, werden Sie »nur« überhäuft mit Fotos oder Videos von wunderbaren Hunden, die perfekt für Sie wären. Wenn Sie Pech haben, drückt Ihnen jemand ein quicklebendiges weiches Etwas in den Arm. »Für dich, damit du nicht mehr so allein bist.« Wer schafft es da noch, angesichts großer brauner Hundeaugen und eines kreisenden Propellerschwanzes zu sagen: »Ich weiß, ihr meint es gut, aber ich bin noch nicht so weit.«? Aber genau das ist Ihr gutes Recht. Es ist nicht verwerflich, wenn Sie bei einer derart wichtigen Lebensentscheidung an Ihre eigenen Bedürfnisse denken. Es nützt niemandem etwas – weder Ihnen noch dem potenziellen Familienzuwachs –, wenn Sie Ja sagen, obwohl Sie Nein meinen, nur weil sie niemanden verletzen, enttäuschen oder verärgern wollen.

Die besten Aussichten auf eine erfolgreiche Beziehung zu einem neuen Hund haben Sie, wenn Sie den Verlust Ihres verstorbenen Tieres betrauert haben, sich emotional, finanziell und körperlich in der Lage fühlen, wieder eine Bindung einzugehen, und sich Gedanken darüber gemacht haben, welcher Hund der richtige für Sie ist.

Die Anschaffung eines neuen Tieres sollte als Anerkennung für die Liebe, das Vertrauen und die Kameradschaft betrachtet werden, die mit dem vorherigen Tier geteilt wurden.

Ich weiß, ich weiß. Das klingt alles ganz wunderbar, aber meist kommt es doch ganz anders. Irgendwo hab ich einmal den passenden Spruch gehört: »Willst du Gott zum Lachen bringen, erzähl ihm von deinen Plänen.« Planung für einen Hund ist das eine. Aber dann schießt Amor seinen Pfeil ab, und Sie vergessen alles und folgen Ihrem Instinkt.

Meinen Mischling Klops hatte ein Freund vor dem sicheren Tod gerettet. Der neugeborene Welpe war mit seinen Geschwistern in einen Sack gesteckt und in einen See geworfen worden. Mein Freund hatte die Tiere aus dem Wasser gezogen, das kleine schwarze Fellknäuel war der einzige Überlebende. Obwohl für mich damals die Voraussetzungen für eine Hundehaltung denkbar schlecht waren – ich arbeitete ganztags und lebte in Scheidung und in einer kleinen Mietwohnung –, folgte ich meinem

Bauchgefühl und behielt den Winzling. Fünfzehn Jahre lang lebten wir zusammen und gingen durch gute und schlechte Zeiten.

Nach dem Tod von Klops wollte ich zunächst keinen Hund mehr. Es dauerte fast ein Jahr, bis ich meine Trauer überwunden hatte und wieder bereit war für einen vierbeinigen Gefährten. Dann fand ich in einem amerikanischen Tierheim die Labradorhündin Lady, meinen Seelenhund. Sie saß in einem Käfig, schon vorbereitet für die Tötungsspritze am nächsten Tag. In Amerika werden Tierheimhunde, die nach einer gewissen Zeit nicht abgeholt werden, eingeschläfert. Ich besuchte »zufällig« das Heim und ging in den Raum mit den Hunden, als ich sie sah. Wir schauten uns an und zwischen uns geschah das, was ich »Herzschmelze« nenne. Ich bin sicher, Sie wissen, wovon ich spreche. Unsere beiden Herzen schienen miteinander zu verschmelzen. Damit ich Lady adoptieren durfte, musste das Tierheim einige Regeln »biegen«, und meine amerikanische Freundin, die schon öfter Hunde aus diesem Heim aufgenommen hatte, musste für mich bürgen. Aber wir waren füreinander bestimmt und blieben zusammen.

Wenn Sie Tiere lieben, werden Sie diese echte »Herzschmelze« vielleicht nur ein oder zwei Mal in Ihrem Leben erfahren. Es ist ein unglaubliches Geschenk. Aber vergessen Sie nicht: In unseren Tierheimen gibt es viele Millionen von Hunden und Katzen, denen es egal ist, ob Ihr Herz für sie schmilzt oder nicht. Sie freuen sich über jeden Menschen, der sie nach Hause holt und ihnen ein gutes Leben gibt.

Wenn ein Tier stirbt, haben Sie die Wahl. Sie können so lange und so tief trauern, wie Sie wollen oder müssen. Wenn es jedoch etwas Positives gibt, das aus dem Verlust eines Haustieres resultiert, dann vielleicht dies: Es gibt viele weitere Tiere, die auf Sie warten. Die Wahl liegt bei Ihnen.

Zu alt für einen neuen Hund?

»Queen Elizabeth II. hat wieder Corgis.« Diese Pressemeldung der britischen *Sun*[17] erfreute im März 2021 nicht nur die Anhänger des britischen Königshauses, sondern machte auch all denen Hoffnung, die sich gefragt haben, ab wann man zu alt ist für einen neuen Hund.

Die Monarchin (94) besitzt seit ihrem achtzehnten Lebensjahr Hunde und hat Jahrzehnte lang Corgis gehalten und gezüchtet. Ihre Liebe zu den spitzohrigen walisischen Hütehunden ist legendär. Insgesamt soll sie etwa dreißig Hunde besessen haben, für einige gestaltete sie sogar persönlich den Grabstein.

Im Sommer 2015 gab die Königin (damals 89) bekannt, dass sie nach dem Tod ihres Corgis Monty keinen neuen Hund mehr haben wolle.

Als ihr letzter Corgi Willow im April 2018 starb, soll sie beschlossen haben, auch keine Hunde mehr zu züchten. Seitdem lebten noch Dorgis – eine Kreuzung aus Corgis und Dackeln – am Hof, von denen der letzte im November 2020 starb.

Die Queen wollte keinen jungen Hund zurücklassen, wenn sie starb. Außerdem gab es die Sorge, dass sie über einen der Welpen stolpern und sich verletzen könnte.

Ein Insider berichtete der *Sun,* dass die beiden neuen Welpen die Königin aufmunterten, als ihr Ehemann Philip im Krankenhaus lag. »Sie bringen viel Lärm und Energie ins Schloss.«

Klar, das königliche Oberhaupt hat einen Hofstaat, der sich um die Vierbeiner kümmert und Hundefutter einkauft. Und der Tierarzt kommt vermutlich ins Haus. Aber es geht um Gefühle und um den Mut zu erkennen, dass das Leben weitergeht.

Als ich mir nach Shiras Tod Gedanken über einen neuen Hund machte, tat ich das auch in der Gewissheit, dass dies wohl mein letzter sein würde. Ich war inzwischen siebzig geworden. Und obwohl ich mir ein Leben ohne Hund nicht vorstellen konnte, musste ich Zugeständnisse an meine Wünsche und Erwartungen machen. Ein Welpe käme auf keinen Fall mehr infrage. Auch wenn ich körperlich noch fit bin, wollte ich mir den Stress einer Welpenerziehung nicht mehr antun. Ich fürchtete, dass ich nicht mehr die Geduld oder die Energie haben würde, mich um so ein kleines Lebewesen zu kümmern.

Wenn der Hund ein gesegnetes Alter von fünfzehn erreichen würde, wäre ich fünfundachtzig. Im besten Fall wären wir gemeinsam alt geworden und würden gemütlich unsere Spaziergänge schlurfen. Im schlimmsten Fall hätte ich das Tier während eines großen Teils seines Lebens körperlich nicht auslasten und somit auch nicht artgerecht halten können. Außerdem könnte ein neuer Hund mich überleben. Was würde dann mit ihm geschehen? Ich durfte nicht nur an meine Wünsche und Bedürfnisse denken, sondern musste auch die des Tieres berücksichtigen.

Es gibt für jeden einen Hund oder eine Katze. Eine fünfundsiebzigjährige Leserin schrieb mir, wie traurig sie sei, ihren Pudel verloren zu haben. Jetzt sei sie zu alt, um einen neuen Hund zu bekommen.

»Es wäre nicht fair, da ich vielleicht auch bald sterben könnte«, schrieb sie. Dann starb ihr Nachbar, und sie nahm dessen alten Hund bei sich auf. »Nur kurz, bis er vermittelt worden ist«, schwor sie sich. Der Hund lebte noch vier Jahre, und die Frau und er wurden unzertrennlich.

Natürlich sterben auch junge Menschen und hinterlassen einen Hund. Vielleicht bleibe ich fit bis ins hohe Alter. Vielleicht werde ich nächste Woche ein Pflegefall. Vielleicht, vielleicht … Wir wissen nicht, was die Zukunft bringt. Ich wünsche mir, dass sich jeder, der sich einen Hund anschafft, mehr Gedanken über die Möglichkeit macht, dass der Vierbeiner ihn überlebt. Denn wir wissen nicht, ob unsere Tiere vor uns sterben, ganz gleich, wie alt sie oder wir selbst sind.

Leider gibt es immer noch Tierheime, die sich weigern, einen Hund an ältere Menschen zu vermitteln. Mir persönlich ist ein Fall bekannt, in dem ein gut situiertes Rentnerpaar nach dem Tod ihres Hundes einem neuen Vierbeiner ein Zuhause geben wollte. Sie hatten sich in einen alten und kranken Hund in einem Tierheim verliebt. Das Paar hatte ein Haus mit großem Garten und genug Geld, um auch die tierärztliche Versorgung zu übernehmen. Dennoch wurden sie wegen ihres Alters abgelehnt. Der Hund blieb im Heim, wo er auch starb. Die Herzlosigkeit der Heimleitung ist mir unverständlich.

Jugend und Vitalität sind keine Voraussetzungen für den Besitz eines Tieres. Solange Sie einigermaßen aktiv sind, können Sie einem Hund ein wunderbares Zuhause geben. Sie selbst wissen, welche Art von Herausforderung Sie sich zutrauen und welche Unterstützung Sie im Notfall in Ihrem Familien- und/oder Bekanntenkreis finden.[18]

Sie könnten einen älteren Hund aus dem Tierheim in Betracht ziehen. Dieser wäre kein allzu großes Energiebündel und sicher nur zu glücklich, wenn er seine letzten Jahre mit einem Schläfchen auf der Couch in Ihrem Wohnzimmer verbringen könnte. Oder Sie entscheiden sich für einen kleinen Hund, der leicht zu handhaben ist und nicht so viel Futtergeld kostet.

Verantwortung

Tiere bringen eine große Verantwortung mit sich, die viele potenzielle Haustierbesitzer nicht verstehen. Besonders Hunde bedeuten eine zeitliche und finanzielle Verpflichtung. Wenn Sie ein Tier in Ihre Familie aufnehmen, verpflichten Sie sich, für ein anderes Wesen zu sorgen. Wie verheerend es sein kann, ein Tier zu adoptieren, auf das man nicht vorbereitet ist, erzählte mir Gabriele:

»Ich war jung und lebte allein. Ich hatte kein Haustier, war aber mit Hunden aufgewachsen. Ich war schon immer eher ein Hundetyp. Vielleicht wäre eine Katze die bessere Entscheidung gewesen, aber ich wollte einen Hund. Also ging ich zum örtlichen Tierheim und suchte mir ein wunderschönes schneeweißes Mädchen aus.

Ja, sie war aufgedreht, aber das war mir egal. Ich nahm sie überallhin mit (wenn ich konnte), und ich liebte ihre unbändige Freude, wenn ich nach Hause kam. Ihre Bedürftigkeit und Energie waren nur ein Teil des Pakets – ein großartiges Paket, wie ich fand.

Leider arbeitete ich Vollzeit, um meinen Lebensunterhalt zu bestreiten, und würde in ein paar Monaten mit dem Studium beginnen. Ich hatte den ganzen Sommer über ein schlechtes Gewissen, weil ich meine Hündin allein zu Hause lassen musste, aber wir erlebten an meinen freien Tagen viele lustige Abenteuer. Ich wusste ja, dass es nicht immer so sein würde.

Dann kam der Herbst, und die Uni begann. Und es wurde nicht besser, sondern schlimmer. Zusätzlich zum Unterricht musste ich in zwei Nebenjobs arbeiten, um Miete und Rechnungen zu bezahlen. Nun hatte ich keine zwei Tage in der Woche mehr Zeit für meine Hündin, sondern allenfalls noch zwei Stunden am Abend zum Spielen, bevor Lernen und Schlafen Vorrang hatten.

Libby gefiel unsere neue Situation nicht. Sie fing an, die Wohnung zu zerstören, während ich tagsüber weg war.

Was sollte ich tun? Ich konnte sie nicht im Haus lassen und wollte sie nicht den ganzen Tag in eine Kiste sperren. Haustiersitter oder Hundekita konnte ich mir nicht leisten. Immer mehr machte ich mir Gedanken, was wäre, wenn Libby krank würde und Pflege brauchte. Ich konnte keinen Tierarzt bezahlen.

Ich versuchte, ein Zuhause für sie zu finden, aber es gelang mir nicht. Alle meine Freunde befanden sich in der gleichen finanziellen Situation wie ich, oder sie wohnten im Studentenwohnheim. Meine Familienmitglieder hatten alle Hände voll zu tun mit den Haustieren, die sie bereits besaßen. Dann wurde mir klar, was ich zu tun hatte.

Ich nahm mir den Tag frei und schwänzte meinen Kurs. Ich ging mit Libby auf einem unserer Lieblingswege wandern und sagte ihr, wie leid es mir tat und dass alles meine Schuld war. Als ich sie adoptierte, war ich nicht bereit, ein Haustier zu besitzen, und das war mein Fehler. Das hatte nichts mit ihr zu tun. Obwohl ich nicht glaubte, dass sie mich verstehen konnte, hatte ich das Gefühl, ich müsste ihr die Situation erklären.

An diesem Nachmittag gab ich Libby in dem Tierheim ab, aus dem ich sie nur drei Monate zuvor adoptiert hatte. Das war eine der schwersten Entscheidungen, die ich je getroffen habe. Ich weinte auf dem ganzen Heimweg. Die eine Mitarbeiterin war nett und verständnisvoll, die andere war es nicht. Sie ließ mich wissen, dass sie mich für absolut verantwortungslos hielt.

Es war hart, aber ich hatte keine andere Wahl. Ich befand mich in einer verzweifelten Situation. Seit diesem Tag sind dreizehn Jahre vergangen, aber ich denke immer noch fast jeden Tag an Libby. An manchen Tagen kann ich mir verzeihen, aber manchmal bin ich voller Reue und Schuldgefühle.

Ich hoffe, dass Libby ein Zuhause gefunden hat, in dem alle sie lieben und viel Zeit für Spaziergänge und zum Spielen mit ihr haben. Manchmal kommt das schlechte Gewissen trotzdem. Ich kann sie nicht einfach vergessen. Ich habe jetzt drei Hunde und vier Katzen aus dem Tierheim. Vielleicht kann ich damit etwas wiedergutmachen, was ich für den kleinen Hund nicht tun konnte.«

Gabriele hat gelernt, dass die Entscheidung für einen Hund nicht spontan fallen sollte. Dass man recherchieren, planen und sich auf sie vorbereiten sollte. Sie können sich nicht um einen Hund kümmern, für den Sie keine Zeit haben, und Sie müssen auf jeden Fall Ihr Budget berücksichtigen. Nur weil sich ein Tier in Ihr Herz geschlichen hat, heißt das noch lange nicht, dass es ein Teil Ihrer Familie werden soll.

Ein Hund ist eine große Verpflichtung. Sie sind für sein Leben verantwortlich. Der Hund sieht in Ihnen seine Eltern, seinen besten Freund und seinen Versorger. Vergewissern Sie sich, dass Sie bereit sind, dieser Verantwortung gerecht zu werden, bevor Sie einen Hund zu sich nehmen.

Das nötige Budget

Lassen Sie uns nicht verschweigen, dass die Anschaffung eines Hundes auch eine Kostenfrage ist. Können Sie sich seine Haltung finanziell über viele Jahre hinweg wirklich leisten? Gerade über diesen Aspekt machen wir uns oft viel zu wenig Gedanken. Welpen von einem seriösen Züchter können je nach Rasse sehr teuer sein, und selbst für einen Hund aus dem Tierheim muss man eine Schutzgebühr bezahlen. Und das ist erst der Anfang. Es sind vor allem die Folgekosten, die dauerhaft ins Geld gehen. Neben Ausstattung und Futter müssen Sie auch an Versicherungen und Tierarzt denken. Wenn der Hund im Laufe seines Lebens einmal ernsthaft krank wird, kommen schnell hohe Beträge zusammen.

Vor allem junge Menschen wie Gabriele schätzen die finanzielle Belastung durch ein Tier häufig falsch ein. Sie haben mitunter selbst wenig Geld und trotzdem aus Tierschutzmotiven einen Hund »gerettet«. Dann stehen sie beim Tierarzt, und es kommt der harte Aufprall auf den Boden der Realität. Das ist oft bitter. Ähnlich kann es auch älteren Menschen gehen, die von ihrer kleinen Rente einen kranken Hund versorgen müssen.

Gute Tiermedizin ist teuer, und die Tierarztkosten sind in den letzten Jahren stark gestiegen. Das liegt nicht nur an höheren

Löhnen in Praxen und Kliniken und an dem Fachkräftemangel. Wobei die Bezahlung sowohl von Tierärzten als auch von Angestellten in den Praxen und Kliniken immer noch in keinem fairen Verhältnis zur Verantwortung und zum Engagement steht. Auch Therapie und Diagnostik in der Tiermedizin sind inzwischen auf dem Niveau der Humanmedizin. Wenn ein Hund einen Bandscheibenvorfall hat, gibt man sich nicht mehr mit Röntgen zufrieden, sondern schickt ihn gleich zur Magnetresonanztomografie (MRT), die genauere Ergebnisse liefert. Auch die Narkosen sind aufwendiger, dafür aber auch sehr viel sicherer, geworden.

Ja, es werden heute modernste – und somit auch teure – Technologien eingesetzt, um Tiere zu retten, die man früher hätte sterben lassen. Wobei auch die Besitzer ihren Teil dazu beitragen, deren Liebe zum Haustier egoistisch seinem Leiden gegenüber macht. Man verlängert dieses Leiden, weil man seinen Freund nicht verlieren will. Gleichzeitig werden von Tierbesitzern notwendige Eingriffe aus Kostengründen abgelehnt. Das Gefühl, nicht helfen zu dürfen, obwohl es möglich wäre, ist ein nicht zu unterschätzender Stressfaktor für Tierärzte. Sie begleiten das Sterben eines Lebewesens fünfmal häufiger als Humanmediziner. Einige von ihnen machen die Verletzlichkeit und Hilflosigkeit der Tiere zu ihrer eigenen und zerbrechen daran.

Nicht umsonst gehören sie zu den Berufsgruppen mit den höchsten Selbstmordraten.

Fakt ist: Wer seinen Hund medizinisch gut versorgen will, braucht Geld. Für das regelmäßige tierärztliche Routineprogramm (Check-up, Impfungen, Entwurmen) kann man bei einem mittelgroßen Hund jährlich mit etwa 250 bis 300 Euro rechnen. Richtig teuer kann es mit größeren Operationen und Behandlungen werden. Da kommen schnell mehrere Tausend Euro zusammen.

Hinzu kommen noch Futter, Hundeschule, Zubehör. Grob geschätzt kostet ein »normaler« Hund im Laufe seines Lebens etwa 25 000 bis 30 000 Euro.[19] Wird er krank, kann sich die Summe leicht verdoppeln. Das sollte bei einer Entscheidung für ein Tier unbedingt mit eine Rolle spielen, so unromantisch es auch klingt.

Um sicher zu sein, dass Sie sich einen Hund leisten können, verschaffen Sie sich einen Überblick über Ihre Finanzen. Können Sie eine Haustierversicherung und anfallende Tierarztrechnungen bezahlen? Wenn Sie sich den Unterhalt und die tierärztliche Versorgung nicht leisten können, sollten Sie keinen Hund haben. Vielleicht gibt es eine Möglichkeit, sich ein Tier mit Verwandten und Freunden zu »teilen«, wo jeder einmal auf den Vierbeiner aufpasst, wenn der andere nicht kann.

Es gibt viele Gründe, sich nach dem Tod eines geliebten Tieres keinen Hund oder keine Katze mehr anschaffen zu wollen. Manche Menschen denken, es wäre illoyal ihrem verstorbenen Tier gegenüber, wenn sie sich an einen anderen Hund binden. Dieses Gefühl ist völlig normal. Es hilft, mit dem neuen Haustier über das alte zu sprechen, ein Foto zu zeigen und die beiden einander »vorzustellen«. Vielleicht kommen Sie sich dabei albern vor, aber es ist nicht ungewöhnlich, die Vergangenheit mit denen teilen zu wollen, die wir lieben und für die wir in der Gegenwart sorgen. Es ist in Ordnung, Gefühle für das verstorbene Tier zu haben, während man eine Bindung zu einem neuen aufbaut, aber es ist wichtig, Vergleiche zu vermeiden. Der neue Hund braucht Zeit, um sich an seine Familie zu gewöhnen, und in dieser Zeit werden seine einzigartigen Eigenschaften und seine Persönlichkeit zum Vorschein kommen und den Weg für eine Bindung in Liebe und Loyalität ebnen.

Andere Menschen haben die Trauer über ihren Hund noch nicht verarbeitet und sind überzeugt, das nicht noch einmal durchstehen zu können. Meine Freundin Bärbel sagte, sie wolle sich nie wieder ein Tier anschaffen. Sie könne eine so intensive Trauer nicht noch einmal ertragen. Sie empfand Verlustgefühle, von denen sie dachte, sie hätte sie bereits bewältigt.

Peter vertraute mir an, er habe seinen Hund geliebt, aber das Loch, das sein Tod in seinem Herzen hinterlassen hatte, sei eine Leere, die er füllen wollte und musste. Er hatte nicht vor, sich einen neuen Hund zu suchen, aber wenn er den richtigen gefunden hätte, würde er ihn adoptieren.

Mein Rat: Wenn Sie sich nach der Trauer entschlossen haben, einem neuen Hund Ihr Heim und Ihr Herz zu öffnen, dann lassen Sie zunächst die Vernunft walten. Berücksichtigen Sie Ihre äußeren Umstände und finanziellen Möglichkeiten. Das ist Ihre Basis. Dann stürzen Sie sich in das Abenteuer Hoffnung. Haben Sie keine Angst. Folgen Sie Ihrem Herzen. Sie werden nicht alles perfekt machen, aber am Ende tragen Sie die Verantwortung für ein Lebewesen. Sie müssen mit ihm zusammenleben. Sie allein entscheiden.

DOG-DATING

Nun gut, ich war bereit, mich auf einen neuen Hund einzulassen. Mit dieser Aussicht kam ein Lichtschimmer in meine Dunkelheit, und ich blickte zuversichtlicher in die Zukunft.

Meine Idee war, einem alten und/oder kranken Hund noch ein paar schöne Jahre, Monate oder Tage zu geben. Doch mein Umfeld riet mir vehement davon ab: »Du hast so gelitten, als Shira starb. Willst du dir das in ein oder zwei Jahren wirklich wieder antun?«

Ja, das wollte ich. Warum denn nicht? In meinem Alter sterben die ersten Freunde und Mitschüler, man gewöhnt sich an das Abschiednehmen. Ein altes Tier ist dafür eine liebevolle Vorbereitung.

Es gibt so viele Hunde, die ein Zuhause brauchen. Gerade ein alter Hund hat genau wie jedes junge Tier einen Wert. Wenn er nur noch wenig Zeit zu leben hat, weil er alt und krank ist, ist dies kein Grund, ihn nicht zu adoptieren. Es ist keine »vergebene Liebesmüh«, sich emotional an ein Tier zu binden, dessen Leben sich dem Ende zuneigt.

Wir müssen dankbar sein für die Zeit und die Liebe, die uns unsere Tiere schenken, solange sie hier sind. So schmerzlich es auch ist, sie zu verlieren, sie lehren uns, selbstlos zu lieben, jeden Tag in vollen Zügen zu leben, in Würde alt zu werden und auch so zu sterben. Wir tun ihnen Unrecht, wenn wir uns nur auf die Trauer über ihren Tod konzentrieren, obwohl sie uns durch ihr Leben so viel Freude bereitet haben. Wenn wir sie ehren wollen, nehmen wir das, was sie uns gegeben haben, all die Liebe, und geben sie einem anderen Tier, das Hilfe braucht. Ich konnte Shiras Liebe einem anderen Hund schenken, egal, wie alt er war und wie lange es dauern würde.

Ich hatte feste Vorstellungen von meinem potenziellen Herzenshund: Nicht zu groß sollte er sein, eher handlich, damit ich ihn überallhin mitnehmen konnte, auch auf Lesereisen mit dem Zug. Ich wollte keinen Welpen und keinen Schreihals oder Dauerbeller, sondern einfach einen Kuschelhund, mit dem ich gemeinsam auf der Couch die Sonnenuntergänge anschauen konnte. So weit meine Wünsche und Erwartungen. Nun, das Leben ist kein Wunschkonzert. Sie ahnen es vermutlich – es kam anders als geplant.

Nachdem ich meine Freunde und Bekannten darüber informiert hatte, dass ich über einen neuen Hund nachdenke, der auch gerne aus dem Tierschutz sein könnte, stürzte eine Flut von Mails, Fotos und Internetlinks auf mich ein. Zögernd und mit klopfendem Herzen öffnete ich die ersten Bilder und klickte mich durch Websites von Tierschutzorganisationen und Tierheimen. Ich befand mich im Dating-Modus.

Je mehr Fotos ich sah und je mehr Organisationen ich online besuchte, desto verzagter wurde ich. Da draußen gab es eine Million Hunde, die sich nach einem Zuhause sehnten. Mit flehenden Augen schauten sie in die Kamera: HOL MICH HIER RAUS! Würde ich nur einen davon aufnehmen, müsste ich alle anderen im Stich lassen. Wie konnte ich mich jemals entscheiden?

Ich war skeptisch und kritisch. Wie sollte ich unter den vielen mir unbekannten Organisationen eine seriöse finden? Was zeichnet eine solche überhaupt aus? Sehr genau schaute ich mir die Hunde an, wollte wissen, mit wem ich mein Leben teilen würde und was mir die Vermittler über den Hund und seine Vergangenheit erzählen konnten. Leider erhielt ich oft viel zu wenig Informationen. Ich hatte eher den Eindruck, als sollten die Hunde so schnell wie möglich vermittelt werden. Noch ein Grünschnabel in der »Tierschutzszene« war ich davon ausgegangen, dass die Organisationen sich die Zeit nehmen, um herauszufinden, ob die vermittelten Hunde auch zu ihren Menschen passen. Ein Kennenlernen und Vertrauensaufbau schien jedoch besonders im Auslandstierschutz kaum möglich. Das liegt sicher auch daran, dass es viel zu viele Tierschutzhunde auf dem Markt gibt, die vermittelt werden sollen. Der Handel boomt.

Ich war von dem Angebot völlig überfordert und lehnte erst einmal alle Vorschläge ab. Viele Hunde sahen Shira ähnlich und erinnerten mich zu sehr an sie, oder sie waren einfach nicht das, was mein Herz schneller klopfen ließ. Auf keinen Fall wollte ich auf meine alten Tage einen »Problemhund«. Bald sollte ich lernen, dass wir im Leben nicht immer das bekommen, was wir uns wünschen, sondern das, was wir brauchen.

In den letzten Wochen hatte ich meine verstorbene Shira immer mehr losgelassen. Ihr frisch gewaschenes Hundebett roch nicht mehr nach ihr, und die Abdrücke ihrer Nase an der Glastür von der Küche zum Garten waren verschwunden, als ich die Scheibe geputzt und damit die letzten realen Spuren von Shira vernichtet hatte. Meine geliebte Hündin rückte zur Seite, um Platz für neues Leben zu machen.

Ich vertraute darauf, dass sie mir die richtige Hundeseele schicken würde, und hielt Ausschau nach Hinweisen. Ein altes Fotoalbum aus meiner Zeit in Santa Fe, New Mexico, fiel mir in die Hände. Damals hatte ich mit meinem Hund Klops in einem kleinen Lehmhaus in der Wüste gelebt. Jeden Morgen besuchte uns Palomino, der Hund meiner Nachbarn, spielte mit Klops, holte sich sein Frühstücksleckerli ab und begleitete uns auf Spaziergängen. Der Kleine eroberte mein Herz: langer Körper, Dackelbeine, blondes langes Fell und ein Kopf mit Knickohren, den er mit gekonntem Bettelblick zur einen oder anderen Seite neigte. Niemand konnte dem fröhlichen Kerlchen widerstehen. Das war 1986.

Fünfunddreißig Jahre später öffnete ich am Computer ein

Foto, das mir meine Freundin Corina gemailt hatte. Es zeigte eine rumänische Tierschutzhündin, die das genaue Ebenbild von Palomino war. Die Kleine entsprach überhaupt nicht meinem Beuteschema vom großen hellen Labrador. Was ich auf dem Bild sah, war ein langhaariger blonder Corgi-Verschnitt mit kurzen, krummen Beinchen. Die Hündin lag in einem Transportkäfig aus Draht und blickte mit bernsteinfarbenen Augen in die Ferne. Tief berührte mich die traurige Hoffnungslosigkeit, die von ihr auszugehen schien, als ob sie schon aufgegeben hätte. Dabei hatte sie großes Glück gehabt.

Zuvor war sie von Hundefängern brutal eingefangen und in ein staatliches Tötungsheim gebracht worden. Nach zwei Wochen wäre sie dort mit allen anderen nicht vermittelten Tieren getötet worden, um Platz für Nachschub zu machen.[20]

Ihr Leben verdankte die Hündin einer jungen Rumänin, die für deutsche Tierschutzorganisationen und Tierheime zweimal wöchentlich durch die Tötungsstationen geht und Fotos und Videos der Hunde macht, die ihrer Meinung nach noch vermittelbar sind. Sie hatte die Kleine in einer Gruppe großer Hunde entdeckt, von denen sie gemobbt wurde. Weil die Frau fürchtete, dass sie dort nicht lange überleben würde, wählte sie sie für den Transport nach Deutschland aus. »Blondie« – so hieß die Hündin laut Impfpass – wurde kastriert, gechippt und geimpft und sollte zu einer deutschen Pflegestelle kommen. So weit ihre Vorgeschichte, wie sie mir erzählt wurde.

In Deutschland müssen Pflegestellen für Auslandshunde eine Genehmigung zur Vermittlung von Hunden haben und beim Veterinäramt gemeldet sein. Dies ist der offizielle und legale Weg. Sprechen wir hier nicht vom Elend der vielen illegalen Vermittlungen über das Internet oder der Abgabe kranker und nicht sozialisierbarer Tiere. Der Trend ist leider steigend.

Eine Freundin von Corina war Pflegestelle für Tierschutzhunde in Schleswig-Holstein.

»Ich weiß, sie ist nicht das, was du suchst«, sagte sie. »Aber sie hat uns alle verzaubert, und sie verdient ein gutes Zuhause. Schau sie dir mal an. Wenn du sie nicht willst, musst du sie nicht nehmen«, fügte sie hinzu. »Wir haben genug Interessenten für sie.«

Ob die Pflegestellen in Verkaufspsychologie geschult werden? Ein zauberhaftes Foto und das garantierte Rücknahmeversprechen lassen wenig Spielraum für eine freie, unabhängige Entscheidung.

Für mich war es ohnehin schon zu spät: Ich hatte mich in die Kleine verliebt. Sollte ich sie etwa ablehnen, weil ihr Äußeres nicht meiner Vorstellung entsprach, und sie zurückgeben wie einen Schuh, der nicht passt? Ich selbst habe auch keine Idealgröße. Es ging nicht um perfekte Modelmaße, sondern um innere Werte – die ich von der Kleinen bisher allerdings noch nicht kannte.

Ihre Größe entsprach dem, was ich mir für das Alter als noch gut handhabbar vorgestellt hatte. Im Gegensatz zu einem 25-Kilo-Labrador würde ich diesen Zwerg leicht ins Auto heben, mit ihm Zug fahren oder ihn mit ins Restaurant nehmen können. Ein Gefühl des Friedens überkam mich. Alles war gut. Die kleine Maus sollte ihre Chance bekommen.

Aber ein neuer Name musste her. Draußen im Feld zu stehen und »Blondie hiiiiier!« zu rufen, kam mir albern vor. In der Nacht träumte ich von Shira, und plötzlich hatte ich den passenden Namen für die Kleine: Hope. Dieser Name symbolisierte einen Neuanfang für sie und für mich.

Wir alle wissen, wie es ist, wenn man sich verliebt: Wir wollen eine rationale Entscheidung treffen, aber am Ende entscheiden wir aus dem Bauch heraus – oder besser gesagt, aus dem Herzen. So ging es auch mir. Die kleine Hündin auf dem Foto hatte zwar nicht mein Herz geschmolzen, es aber dennoch im Sturm erobert. Ich hatte keine Ahnung, was mit der Aufnahme von Hope auf mich zukam. Ahnungslos betrat ich die größte Baustelle meines Lebens.

HOPE HEISST HOFFNUNG

Mit Hope zog nach Zeiten von Trauer und Verzweiflung wieder Hoffnung bei mir ein. Einen »Regenbogen des Geistes« hat der Psychologe und Hoffnungsforscher Charles Richard Snyder die Hoffnung genannt. »Ein Prisma, das bunte Lichtsplitter in die verschiedensten Richtungen schickt.«[21]

Im Gegensatz zum Optimismus ist Hoffnung stärker mit der Wahrnehmung verbunden, dass wir selbst wenig Einfluss auf das Ergebnis haben. Wer Hoffnung hat, lässt sich bei seinen Plänen von Schwierigkeiten nicht aus dem Konzept bringen und bleibt flexibel auf der Suche nach der besten Lösung.

Der Psychologe Viktor E. Frankl, der die Gefangenschaft in vier Konzentrationslagern überlebte und die »Psychologie der Hoffnung« prägte, war überzeugt, dass es sich lohne, in katastrophaler Lage nach der enormen Kraft der Hoffnung zu suchen. Wir sollten nach dem winzigsten Quäntchen Schönheit oder Sinn im Leben fahnden. Für mich war nach Shiras Tod diese kleine, krummbeinige Hündin das Quäntchen Schönheit, das ich brauchte, um zu heilen.

Im März 2021 fuhr ich in den Norden an die Küste, um Hope abzuholen. Ich war unendlich müde. Die Aussicht auf einen Neuanfang hatte mir nächtelang den Schlaf geraubt. Wenn ich Hope in die Arme schloss, würde ich Shira endgültig loslassen müssen. Ich hatte den Hundenapf und das Hundebett ins Auto gepackt. Als ich am Abend vor der Fahrt ins Bett ging, dachte ich: »Dies ist in meinem Zuhause, das während der vergangenen Monate so still und leer war, die letzte Nacht ohne Hund.« Die Erinnerung an den August 2020 kam zurück und mit ihr die Tränen. Die letzte Nacht mit Shira, ihr weiches Fell, ihr Atmen und mein Herz, das zerbrach. Jetzt gab es wieder eine »letzte Nacht«, diesmal jedoch keinen Grund für Tränen.

Es war eine sehr emotionale Reise. Wie oft war ich mit Shira in den letzten Jahren diese Strecke gefahren, wenn wir meine Freundin besuchten oder in Dänemark Urlaub machten. Die Gefühle überwältigten mich. Vorfreude, aber mehr noch Angst. War es richtig, was ich tat?

Ich wusste gar nichts über diese Hündin und ihr bisheriges Leben, außer ihrem Alter von vermutlich fünf Jahren und dass sie als Straßenhund aufgegriffen worden war. Wie sollte ich mit ihr umgehen? Was hatte sie erlebt? War sie durch irgendwelche Erlebnisse traumatisiert? Durch die Adoption riss ich sie aus ihrem Umfeld, in dem sie gelernt hatte, zu überleben. Aber die Alternative war der Tod. Ich rettete Hopes Leben – nicht mehr und nicht weniger.

Zum Glück herrschte auf der fast siebenstündigen Fahrt an die Küste auf der Autobahn wenig Verkehr. Extrem unkonzentriert musste ich an mehreren Rastplätzen anhalten, um meine Gedanken zu sortieren. Es ging mir nicht gut. Plötzlich traute ich es mir nicht mehr zu, noch einmal für einen Hund zu sorgen. Sein ganzes Hundeleben lang. Wie ein altes Ehepaar hatten Shira und ich uns einander angepasst. Jetzt begann alles wieder von vorn, und ich war so viel älter als beim letzten Neuanfang! Würde ich die nötige Kraft finden, noch dazu mit einem Hund aus dem Auslandstierschutz? Schließlich haben diese Tiere den Ruf, schwierig zu sein.

Bedeutende, lebenswichtige Entscheidungen machen mir neuerdings Angst. Ich bin nicht mehr so mutig wie früher. Ich denke lange nach, zögere und mache oft einen Rückzieher, weil ich Angst habe, mich falsch zu entscheiden. Bei Hope ging es weder um eine Berufswahl oder den Kauf eines Autos, noch um einen

Ortswechsel. Es ging um etwas viel Bedeutenderes: um ein Lebewesen, das mir für sein ganzes Leben anvertraut werden würde.

Ich hielt wieder an einer Raststätte, holte mir einen Cappuccino und atmete tief durch. »Reiß dich zusammen!«, schalt ich mich. »Denk daran, wie mutig du bisher in deinem Leben warst. Wie oft hast du neu angefangen, selbst unter schwierigsten Umständen? Du wirst doch jetzt im Alter nicht schwächeln.« Etwas ruhiger und gestärkt fuhr ich weiter nach Norden.

Unterdessen war Hope zusammen mit anderen Gefährten, die für die Adoption ausgewählt worden waren, vom staatlichen in ein privates Tierheim in Lancrăm (Sebeş) in Siebenbürgen verlegt worden. Hier war sie vorerst sicher.

Ungeduldig wartete ich bei meiner Freundin auf meine neue vierbeinige Gefährtin. Ich hatte ein weiteres Foto von ihr erhalten: Die Kleine saß in der offenen Tür eines Holzverschlages auf abgewetzten Dielen, im Hintergrund auf dem Boden eine rote Decke. Jetzt konnte ich zum ersten Mal ihre ganze majestätische Größe sehen, mit Beinchen, die noch deutlich kürzer waren, als ich sie mir vorgestellt hatte. Dichtes blondes Fell, helle Brust und verfilzte, verklebte Ohren dort, wo ihr die Ohrmarke entfernt worden war, die Tierschutzhunde nach dem Einfangen und Kastrieren erhalten. Ein ruhiger Blick aus hellbraunen Augen.

Über dieses Foto versuchte ich mental Kontakt zu Hope aufzunehmen. Ich begrüßte sie in meinem Leben, erzählte ihr von mir und Shira und was sie im neuen Zuhause erwartete. »Hab keine Angst«, flüsterte ich ihr zu. »Bald wird alles gut.«

Wenige Tage später war es so weit. Ein Transporter mit achtundfünfzig (!) Hunden in übereinander gestapelten Boxen machte sich auf den langen Weg von Rumänien nach Deutschland. Nach vierundzwanzig Stunden Fahrt kamen die Tiere in Schleswig-Holstein an, wo sie verteilt wurden. In ihrer Pflegestelle wurde

Hope gebadet (»Sie stank fürchterlich«, erfuhr ich später) und bekam etwas zu fressen. Dann konnte die kleine Maus erst einmal ausschlafen.

Mittlerweile war ich nur noch ein Nervenbündel und hinterfragte zum unendlichsten Mal, ob ich das Richtige tat. Jetzt, wo Hope Realität wurde, verließ mich der Mut gänzlich. Wusste ich überhaupt noch, wie »Hund« geht? Würde ich ihr gerecht werden? Welches Recht hatte ich eigentlich, diese Hündin aus ihrem Leben zu reißen? Vielleicht hat ihr das Leben auf der Straße gefallen und sie war glücklich und zufrieden. In Rumänien sollen auch Hunde eingefangen werden, die schon jemandem gehören. War Hope ein solcher Hund? Wartete eine Familie mit Kindern auf sie? War sie der Lebensinhalt einer alten Frau gewesen? War sie Teil eines Hunderudels, dem sie jetzt fehlte?

Gewiss lebt die überwiegende Mehrzahl der Hunde im Ausland meist nicht das wohlbehütete Leben unserer verwöhnten Wohnungshunde. Und viele Hunde bei uns leben gefangen an der Flexileine und eingesperrt in einem goldenen Käfig und verlieren, was ihnen vielleicht am wichtigsten wäre, wenn sie davon wüssten: ihre Freiheit und Unabhängigkeit. Je mehr ich über Hopes mögliche Vergangenheit nachdachte und überlegte, was ich ihr »antat«, fühlte ich mich zum Monster mutieren. Wie konnte ich mir anmaßen, darüber zu urteilen, was ein »gutes Leben« für sie wäre?

Aber diese Entscheidung lag schon lange nicht mehr bei mir. Andere hatten sie getroffen. Hope hatte letztendlich nur zwei Möglichkeiten gehabt: die Tötung in Rumänien oder die Vermittlung nach Deutschland. Alles andere war Wunschdenken. Sie wäre nie wieder in Freiheit entlassen worden. Diese Chance hatten ihr die rumänischen Gesetze und Tierfänger genommen.

Ich würde mit Hopes Erinnerungen und möglichen Traumata leben müssen. Sie waren ein Teil von ihr. Ich konnte nur versuchen, ihr das bestmögliche Leben zu geben und ihre Eigenständigkeit zu respektieren. Und genau das nahm ich mir jetzt fest vor.

ANGEKOMMEN

Am 14. März 2021 wurde ich Adoptivmutter einer kleinen ängstlichen Hündin aus Rumänien. Als mir die Kleine in den Arm gelegt wurde, trug sie zur Sicherheit ein »Panikgeschirr«: Ein dritter Gurt um den Bauch soll verhindern, dass sich ein Angsthund aus seinem Geschirr herauswindet. Mein erster Eindruck von ihr: Eine entzückende kleine Hündin mit dichtem blondem Fell und einem wunderschönen langen Puschelschwanz, der bei unserer ersten Begegnung fest unter den Bauch gezogen war. Die Haare der Knickohren standen keck in alle Richtungen ab. (Die letzte Seite des Bildteils zeigt zwei Fotos von Hope.)

Als ich ihr ins Gesicht schaute, musste ich Tränen des Mitleids hinunterschlucken. Ich sah Augen, die vor Angst fast hervorquollen, und ein unruhiger Blick, der nach einem Fluchtweg Ausschau hielt. Ihr Körper, den ich sanft an meine Brust drückte, war weich und warm, unter meiner Hand fühlte ich ihr Herz rasend schnell klopfen.

Nach der Erledigung der Formalitäten – Bezahlung und Übergabe von Schutzvertrag und Impfpass – waren wir beide allein. Ein ängstlicher Hund und ein ebensolches ratloses Frauchen. So hatten wir schon mal etwas gemeinsam.

Bei meiner Freundin setzte ich Hope in den großen Hundekorb ihrer Malinois-Hündin Nanuk, wo die Kleine sogleich versuchte, in die Kissen zu kriechen und sich unsichtbar zu machen. Nanuk war ein wahrer Segen und sollte in den nächsten Tagen Hopes beste Freundin werden. Sie strahlte Ruhe aus und gab ihr Sicherheit. Bei der sanften Hündin entspannte sie sich, aber wann immer sich ein Zweibeiner im Haus bewegte, geriet sie in Panik und zog sich zurück.

In den nächsten Tagen begann die schwierige Zeit der Anpassung. Für die kleine Maus war jede Bewegung, jeder Blick und jede Berührung eine Qual. Ich suchte eine Möglichkeit, um bei ihr sein zu können, ohne sie zu stressen. Anfangs verbrachte ich viele Stunden in ihrer Nähe, setzte mich mit einem Buch oder dem Laptop ruhig hin – seitlich oder mit dem Rücken zu ihr, um für sie weniger bedrohlich zu sein. Ich lernte, die Augenblicke in ihrer Nähe zu genießen und ihren Wunsch nach Abstand zu respektieren. Wann immer ich an ihr vorbeiging, ließ ich ein Leckerli fallen. Sie sollte mich nur mit Gutem verbinden. Wir hatten ja alle Zeit der Welt.

Weil sie vor dem Futternapf Angst hatte, gab ich ihr anfangs Mikroportionen mit der Hand. Als sie sich zum ersten Mal an ihre kleine Futterschüssel in der Küche wagte, geschah dies in Zeitlupe und mit angstvollen Blicken nach allen Seiten. Bei der kleinsten Bewegung von mir zuckte sie zusammen, bereit zu flüchten. Vermutlich hat sie nie in Ruhe fressen können.

Insgesamt bewegte ich mich anfangs sehr ruhig und langsam. Tief durchatmen, den Kopf frei machen und entspannen, das half. Ich verließ mich auf meinen Instinkt und auf meine langjährige Erfahrung als Wolfsforscherin. Was mit wilden Wölfen funktioniert hatte, sollte doch wohl auch mit einem Straßenhund klappen. Es galten die gleichen Regeln: nicht ansprechen, nicht anstarren und nicht anfassen (okay, Letzteres wäre bei den Wölfen eh nicht möglich gewesen).

Nachts stand ihr Körbchen neben meinem Bett. Hope liebte ihr weiches Hundebett und »ertrug« darin auch meine Nähe. Ich war rund um die Uhr mit ihr zusammen, wobei es mir bei der Zaubermaus schwerfiel, sie in Ruhe zu lassen und mich nicht aufzudrängen. Doch sie sollte merken, dass ihr von mir keine Gefahr drohte, zum Streicheln und Kuscheln blieb uns noch genug Zeit, wenn sie dazu bereit wäre.

Übertriebene Aufmerksamkeit würde Stress für sie bedeuten. Ich musste so tun, als würde ich sie ignorieren. Aber dieser Gedanke widersprach jeder Faser meines Wesens. Ich sah ein Geschöpf, das verängstigt und aufgewühlt war, und wünschte mir nichts mehr, als sie zu umarmen und ihr zu versichern, dass von nun an alles gut sein würde.

Ich gestehe, in den ersten beiden Wochen habe ich mehr als einmal die Entscheidung angezweifelt, Hope zu mir zu nehmen. Ich hätte nie gedacht, dass mein neues Leben so anstrengend sein könnte. Ich glaubte, ich hätte durch Lady Erfahrung mit ängstlichen Tierheimhunden. Auch sie hatte anfangs Angst vor Straßen, Autos, Treppen und vielem anderen gehabt. Warum war es bei Hope so viel schwerer, ihr Vertrauen zu gewinnen?

Als die anfängliche Begeisterung vom neuen Hund dem Frust wich, heulte ich viele Nächte in mein Kissen. Aus Scham und Schuld, weil ich sie aus ihrem bisherigen Leben herausgerissen hatte. Aus Verzweiflung, weil nichts klappte. Aus Enttäuschung, dass wir beide nicht von Anfang an das Dreamteam waren, das ich mir so erhofft hatte. Aus Trauer, weil ich von meinen eigenen Erwartungen an mich selbst Abschied nehmen musste. Vor allem aber aus Mitgefühl für den armen Hund, der am wenigsten für das ganze Tohuwabohu in mir konnte und der schon genug Leid und Horror in seinem kleinen Leben durchgemacht hatte. In ihre Augen zu schauen, die sich vor Panik weiteten, wenn ich mich auf sie zubewegte, war einfach nur schrecklich für mich. Wie hatte ich nur so versagen können?

Auch angesichts der Erinnerungen an Shira war Hope ein Schock für mich. Kein Hund, der sich an mich kuschelte, vielmehr ein Tier, das vor lauter Angst vor mir zu fliehen versuchte, sobald ich mich bewegte. Ich war von mir selbst enttäuscht und zweifelte an meiner Fähigkeit, zu lieben.

Enttäuschte Erwartungen. Überforderung. Zwei Schritte vor,

einer zurück. Das war nicht der Neuanfang, den ich mir ersehnt hatte. Ich begann erneut zu trauern: um ein Leben, wie es hätte sein können. Und wieder traf mich die Keule von Shiras Verlust schwer.

Doch es gab kleine Zeichen, die mir in den nächsten Tagen Hoffnung machten: Hopes Schwanz klemmte nicht mehr so fest unter ihrem Bauch, wenn ich mich näherte, sondern hing entspannt nach unten und bewegte sich manchmal sogar vorsichtig hin und her wie ein kleines Begrüßungsfähnchen. Neugierig stellte sie die Ohren auf, statt sie ängstlich anzulegen. Am meisten berührte es mich jedoch, als ich sie zum ersten Mal tief schlafen sah. Vielleicht war es der erste wirklich entspannte Schlaf in ihrem Leben oder zumindest in letzter Zeit. Dass sie dies in meiner Anwesenheit tat, zeigte, dass sie begann, mir zu vertrauen. Vertrauen ist ein empfindliches Pflänzchen, aber wenn man ihm die kleinste Chance gibt, kann es wachsen und gedeihen. Hope ging das Risiko ein, ihre Vergangenheit hinter sich zu lassen und einen Neuanfang zu wagen. Was für ein Geschenk. Und was für eine Aufforderung an mich, dasselbe zu tun!

Da endlich gab ich auf. Hier ging es nicht um mich, sondern darum, diese kleine Persönlichkeit mit allem, was sie erlebt hatte, zu respektieren und zu achten. Vielleicht war Hope meine letzte, ganz große Lektion in Sachen Akzeptanz: Dinge, Tiere, Menschen und Situationen zu akzeptieren, wie sie sind.

Nach drei Wochen Eingewöhnungszeit mit Hope bei meiner Freundin fuhr ich mit meiner Kleinen zurück nach Hessen, in unser gemeinsames Zuhause. Dort würde unser neues gemeinsames Leben wirklich beginnen.

ABENTEUER TIERSCHUTZHUND

Es war nie mein Plan gewesen, einen Hund von einer ausländischen Tierschutzorganisation aufzunehmen. Dazu war ich viel zu unerfahren und hatte zu wenig Informationen über den Hintergrund dieser Tiere. Durfte ich ein Tier aus dem Ausland holen, wenn bei uns doch genügend arme Socken in Tierheimen sitzen? Trug ich mit meiner »Rettung« dazu bei, dass noch mehr Hunde eingefangen und Welpen für den Versand und Verkauf »produziert« wurden? Der illegale Hundehandel boomt und der Trend, Hunde aus dem Ausland zu uns zu holen, ist ungebrochen. Plötzlich waren da unendlich viele Fragen zu einem Thema, mit dem ich mich bisher noch nie beschäftigt hatte.

Was mich nicht losließ, war die Frage nach Hopes Vergangenheit. Über das Leben, das sie bisher geführt hatte, wusste ich nichts. So war ich lediglich auf Vermutungen angewiesen. Wer war meine kleine krummbeinige Gefährtin?

Wer bist du, Streuner?

»Straßenhund« war der einzige Begriff, der mir mitgeteilt worden war. Mit ihm verband ich bisher nur schrecklichste Bilder und Videos aus dem Internet. Gequälte und misshandelte Hunde, die von Menschen nichts als Schmerz und Leid erfahren haben und von denen manche nie wieder vertrauen können. Auf der anderen Seite las ich von Hunden, die immer selbstständig und frei waren und keinen Menschenkontakt brauchen oder wollen.

Angeblich hatte Hope ihr ganzes bisheriges, fünfjähriges Leben auf der Straße verbracht. Stimmte das wirklich? Und wenn ja, wie sollte ich dann mit ihr umgehen?

Ich begann zu recherchieren. Was mir sehr half, Hope zu verstehen, war ein Buch, das ich jedem Besitzer eines ausländischen Tierschutzhundes ans Herz legen möchte: *Streuner! Straßenhunde in Europa*[22]. Der Autor, Stefan Kirchhoff, ist mit seinem VW-Bus und seiner Kameraausrüstung drei Monate lang durch Süd- und Südosteuropa gefahren, um das Leben der Straßenhunde zu dokumentieren. Dabei interessierte ihn vor allem, wie die Streuner tatsächlich leben, wie sie sich verhalten und sozial organisieren, wie sie Probleme lösen und Überlebensstrategien entwickeln. *Streuner!* zeigt die andere Seite des Lebens dieser Hunde und brachte für mich Licht in das Dunkel meiner Unwissenheit.

Ich lernte, dass wirkliche Straßenhunde schwer zu definieren sind. Wenn Hope tatsächlich ein Streuner gewesen war, konnte das Verschiedenes bedeuten: Möglicherweise hatte sie allein oder in einem Hunderudel auf der Straße gelebt. Vielleicht war sie aber auch ein Besitzerhund und hatte einen Menschen, dem sie weggelaufen war. Sie könnte auch ausgesetzt oder sogar entführt worden sein. Oder sie hatte zwar ein Heim, machte von dort aus jedoch stunden- oder tageweise Ausflüge in die Stadt oder Umgebung, um dann irgendwann wieder nach Hause zurückzukehren. Das sind nur einige der vielen Möglichkeiten sogenannter Straßenhunde, deren Lebensformen so vielfältig sind wie die Hunde selbst.

Als sie zu mir kam, hatte Hope Angst vor vielem: vor Menschen, insbesondere vor dunkel gekleideten Männern, vor Türen, Stiefeln, geschlossenen Räumen, Dunkelheit und Lärm. Sie war jedoch kein wirklicher Panikhund, der vor Angst schreiend in der Ecke sitzt, wie einige Besitzer von Auslandshunden berichten. Ich nehme an, solche Tiere kommen gar nicht erst in die Vorauswahl zur Rettung.

Warum Hope solche Angst vor Autos, besonders vor Landmaschinen, Lastkraftwagen und ähnlich großen, lauten Fahrzeugen hatte, erfuhr ich bei unserem ersten Tierarztbesuch. Das Röntgenbild erklärte auch die krummen Beinchen: Offensichtlich waren der Hündin wohl in jungen Jahren alle Beine gebrochen worden. Ob sie in einen Unfall verwickelt war oder ob ihr das jemand absichtlich angetan hat, wird ihr Geheimnis bleiben. Ihre Verletzungen waren nicht versorgt worden. Alle Brüche sind von selbst wieder verheilt, wobei an ihrem rechten Hinterbein die Knochen nicht mehr richtig zusammengewachsen sind, sodass es leicht verkürzt ist. Das führt in der Diagonalen dazu, dass Hope vorne links leicht hinkt. Die Tierärztin schätzte, dass sie im Alter auf Dauer Schmerzmittel brauchen wird, außerdem zusätzlich regelmäßige Physiotherapie. Spiele und Sportarten, bei denen sie springen muss – wie Agility – sind für sie tabu. Ebenso wie höhere Treppen – und leider auch das Springen auf die Couch. Längere Wanderungen aber sind okay, das stärkt ihre Ausdauer und die Muskeln. Wie viele andere Tierhalter, die kranke Hunde aus dem Ausland adoptieren, habe also auch ich einen Handicap-Hund. Ich mochte mir gar nicht vorstellen, wie sie gelitten hatte. Meine Bewunderung und mein Respekt für die kleine Fellnase stiegen von Tag zu Tag.

Dass sie sonst keine sichtbaren Verletzungen oder Narben hatte, ließ mich annehmen, dass ihre Erfahrungen mit Menschen oder anderen Hunden nicht allzu schlecht waren. Immerhin hatte sie auch schon zwei Tage nach unserem Kennenlernen zugelassen, dass ich ihr vorsichtig eine Heilsalbe auf das große Loch in ihrem Ohr strich. Ein erster und, gemessen an den Umständen, großer Vertrauensbeweis, der mich überglücklich machte und mir Hoffnung gab.

Insgesamt war Hope anfangs sehr zurückhaltend und vorsichtig, gewöhnte sich aber recht schnell an neue Situationen oder neue

Menschen. Sie beobachtete sehr genau ihre Umgebung und war jederzeit bereit zu fliehen. Ihre Körperhaltung war äußerst angespannt. Wenn ich ihr ein Leckerli zuwarf, blieb sie auf Abstand. Fühlte sie sich sicher, streckte sie ihren kleinen Körper in die Länge, schnappte blitzschnell die Köstlichkeit und zog sich sofort in eine Ecke zurück, um zu fressen. Sie blieb ungern im Haus und lag am liebsten im Garten. Auch das sind Eigenschaften, die man Straßenhunden zuschreibt.

So weit war das alles im Rahmen, damit konnte man zurechtkommen. Aber es gab auch wirklich entmutigende Momente.

Den ersten Schock erlebte ich gleich am Tag nach unserer Ankunft zu Hause. Ich hatte sie mit einer kleinen leichten Hausleine gesichert in den Garten gelassen und schaute zu, wie sie alles neugierig erkundete. Plötzlich war sie hinter einem Busch verschwunden.

Ich hatte geglaubt, der Zaun um mein Grundstück sei ausbruchssicher. Das war ein Irrtum. Da ich an einer stark befahrenen Straße wohne, geriet ich in Panik. »Hope ist weg!« Die alarmierten Nachbarn machten sich gemeinsam mit mir auf die Suche. Ich rief und schüttelte die Leckerli-Dose. Nichts.

Dann sah ich sie plötzlich auf der anderen Seite des Zauns sitzen – in Nachbars Garten. Fröhlich wedelte sie mit dem Schwanz. Offensichtlich hatte sie den Maschendrahtzaun meiner Nachbarn mit ihrem kleinen Körper zurückgedrückt und war durchgeschlüpft. Zum Glück war das neue Frauchen dann doch verlockender als die Freiheit. Ich kletterte über den Zaun, nahm sie erleichtert auf den Arm, was sie sich ohne Murren gefallen ließ, und trug sie zurück ins heimische Revier. Am nächsten Tag gab es keine Stelle mehr auf meinem Grundstück, die nicht zur Festung ausgebaut war.

Spazierengehen mit dem Sicherheitsgeschirr an der Schleppleine war in der ersten Zeit großer Stress für sie – und für mich. Anfangs weigerte sie sich, einen Schritt vor den anderen zu machen. Sie blieb stehen und sicherte minutenlang nach allen Richtungen, bevor sie weiterging.

»Kein Wunder, dass sie so krumme Beine hat«, scherzte ein anderer Gassigeher, der sah, wie Hope ihre Pfoten fest in den Boden grub, als ich versuchte, sie weiterzuziehen.

Ich wollte ihr die Zeit geben, die sie brauchte, und übte mich einmal mehr in Geduld. So war es eher ein Spazierenstehen als ein Spazierengehen. Wenn ihr irgendetwas ganz unheimlich war und sie gar nicht mehr weiterwollte, weil beispielsweise Pferde oder Rinder nah an unserem Fußweg auf der Weide standen, ließ sie sich von mir auf den Arm nehmen und an der »Gefahr« vorbeitragen. Das gab ihr Sicherheit und half, die Angst zu überwinden.

Liebe ist nicht genug

Da stand ich nun mit diesem kleinen verängstigten Lebewesen. Ich hatte alles richtig machen wollen und dennoch völlig versagt. Ich glaubte, ich sei erfahren mit Hunden. Wie sehr hatte ich mich getäuscht! Meine Erfahrungen während der vergangenen Jahrzehnte bezogen sich hauptsächlich auf die Erziehung von Labradoren, bei deren Menschenbezogenheit ich nichts hatte falsch machen können.

Ein Tierschutzhund ist eine völlig andere Nummer. Immer wenn ich glaubte, Hope vertraut mir, geschah irgendetwas, und ich fing von vorne an. Hurra, sie ließ sich streicheln, drehte sich auf den Rücken und streckte mir ihren Bauch entgegen. Sie nahm Leckerlis aus meiner Hand. Dann fiel in der Küche bei der Essenszubereitung ein Topf scheppernd auf den Boden, und sie schoss mit schreckensweiten Augen in eine Ecke und traute sich den ganzen Tag nicht mehr hervor.

Rückschläge waren an der Tagesordnung. Was Hope heute

perfekt umsetzte, konnte morgen schon wieder vergessen sein. Angst war der unsichtbare und ständige Begleiter, der sie einfach nicht loslassen wollte.

Manchmal hatte ich das Gefühl, dass bei meiner Kleinen nachts immer die »Festplatte« gelöscht wurde und ich jeden Morgen neu anfangen musste. Aus lauter Verzweiflung schaute ich mir den Film *50 erste Dates* an. Ein Mann verliebt sich in eine Frau, die aufgrund eines Unfalls an Amnesie leidet und jede Nacht den vorherigen Tag vergisst. Ich fragte mich: War es bei Hope ebenso? Vergaß sie nachts alles und musste jeden Morgen neu lernen, neues Vertrauen aufbringen?

Wann immer ich zu verzweifeln drohte, machte ich mir bewusst, wie kurz sie erst bei mir war. Andere Besitzer von Tierschutzhunden berichteten von Monaten oder sogar Jahren, bis sich ihre Tiere an sie gewöhnt hatten, bei manchen geschah dies sogar nie. Bei uns wurde es ganz langsam jeden Tag ein wenig besser.

Auf Rückruf beim Spaziergang reagierte Hope selten. Meist ignorierte sie mich, weil es für sie »Wichtigeres« zu sehen oder zu schnuppern gab. Aufmerksam wurde sie höchstens, wenn es sich für sie lohnte – sprich: Leckerli. Von Hundetrainern empfohlene Tricks funktionieren vielleicht bei einem »normalen« Hund; bei Hope konnte ich das meiste davon vergessen. War sie auf einen Hasen oder ein Reh im Feld konzentriert, hätte ich wahrscheinlich vergeblich mit einem fetten Steak vor ihrer Nase wedeln oder sie auf andere Weise ablenken können, ihr Fokus war auf dem Wild. Solche Momente frustrierten mich enorm. Erst als ich versuchte, mich in ihren Kopf hineinzuversetzen, verstand ich, dass dies nur ein Ausdruck ihres sehr eigenständigen Lebens auf der Straße war. Irgendwelchen menschlichen Kommandos zu folgen, war kein Teil davon. Abgesehen davon konnte in ihrem früheren Straßenleben vermutlich jedes Locken und Rufen für sie die Gefahr bedeuten, eingefangen zu werden.

Im Haus hingegen klappte mit der richtigen Belohnung (Wurst- oder Käsestückchen) fast alles einwandfrei. Hope passte sich in kurzer Zeit erstaunlich gut an und lernte schnell. Vieles, was ihr anfangs Angst gemacht hatte – wie die Hundebox im Auto, Aufzüge, Menschenmengen, Bahnen und Busse – meisterte sie mit meiner Hilfe. Manchmal musste ich sie gewissermaßen behutsam zu ihrem Glück zwingen. Es berührte mich sehr, dass sie mir vertraute und auch für sie beängstigende Situationen schaffen konnte, wenn ich ihr den nötigen Halt gab. Sie hat das Herz einer Löwin und erobert noch immer Stück für Stück in ihrem eigenen Rhythmus ihre neue Welt. Gemeinsam mit mir.

Eine große Hilfe in meinem Tierschutzhund-Abenteuer waren die vielen Mails und Briefe von Ihnen, den Leserinnen und Lesern, die Hopes Geschichte auf ihrem Blog[23] verfolgt haben und die mir von ihren eigenen Erfahrungen mit Hunden aus dem (Auslands-)Tierschutz berichteten. Das hat mich sehr berührt. Für mich war dies eine völlig neue Welt. Sie alle, die Sie mit »schwierigen« Tierschutzhunden leben, haben meine größte Bewunderung. In vielen Ihrer Mails habe ich meine Kleine wiedererkannt. Ich danke Ihnen für diese Unterstützung, zeigt sie mir doch, dass wir ein ähnliches Schicksal teilen.

Einige von Ihnen waren echt verzweifelt, weil nichts so funktionierte, wie Sie es erwartet oder erhofft hatten. Wie ich hatten Sie vor Ihrem neuen Vierbeiner einen »normalen« Hund oder einen Welpen großgezogen und waren nicht auf die Probleme vorbereitet gewesen, die die Adoption eines Tierschutzhundes mit sich bringt. Das ist okay. Wir sind Menschen, keine Roboter.

Aber bitte, werfen Sie nicht gleich die Flinte ins Korn, wenn Sie sich überfordert fühlen. Zweifel sind in dieser Situation normal. Versuchen Sie, noch ein wenig durchzuhalten. Geben Sie die Liebe nicht auf und bleiben Sie mutig. Vielleicht gewöhnen Sie sich doch aneinander. Wenn es aber wirklich nicht geht, dann setzen Sie sich mit den Vermittlern in Verbindung, damit diese einen geeigneten neuen Platz für den Hund finden. Bei seriösen Organisationen ist das möglich und wird auch vertraglich vereinbart. Es gibt keinen Grund, sich schuldig zu fühlen, weil es nicht geklappt hat. Sie haben Ihr Bestes gegeben. Wir alle machen Fehler. Fehler sind normal und menschlich, besonders, wenn es schwierig wird.

Ja, es ist wichtig, Tiere zu retten. Vergessen wir dabei aber die Menschen nicht. Wenn ein Tierschutzhund an einen Menschen vermittelt wird, der damit überfordert ist, hilft das weder dem Tier noch dem Menschen. Im Gegenteil.

Kürzlich habe ich beim Spaziergang eine Frau mit einem Kangal (Herdenschutzhund) an der Leine getroffen. Wir Besitzer von Auslandstierschutzhunden erkennen uns inzwischen am Sicherheitsgeschirr, das die Hunde meist tragen. Wir kamen ins Gespräch:

»Der ist aber schön. Wo ist der her?«

»Rumänien.«

»Meiner auch. Wie läuft's?«

»Jetzt geht's einigermaßen.«

Die Frau erzählte mir ihre Geschichte. Sie hatte vorher noch nie einen Hund besessen und sich im Internet in das Bild eines Welpen verliebt. »Er war so süß!«

Die private Vermittlungsorganisation hatte ihr gesagt, dass der Hund dringend ein Zuhause brauche, sonst würde er getötet. Als die Frau erzählte, dass sie Ersthundebesitzerin sei, beruhigte man sie, das sei kein Problem, es sei ein toller Familienhund. Die Frau fuhr selbst nach Rumänien, um den süßen Welpen abzuholen. Danach war die Vermittlerin übrigens nicht mehr zu erreichen, das Telefon abgeschaltet.

Als der Hund älter wurde, gab es die ersten Probleme. Der »süße Welpe« ließ niemanden mehr ins Haus und war an der Leine kaum zu bändigen. Hundekundige Freunde machten sie darauf aufmerksam, dass sie einen Kangal, einen Herdenschutzhund, adoptiert hatte. Diese Rasse wird in ihrer türkischen Heimat überwiegend dazu eingesetzt, Nutztiere vor Wölfen und Bären zu schützen. Sie leben sehr eigenständig und ohne großen Menschenbezug in ihrer Nutztierherde – vom idealen Familienhund kann überhaupt keine Rede sein.

Jetzt erst informierte sie sich über die Hunderasse in Büchern, Filmen und Seminaren und baute Hof und Garten zur Festung aus. »Ihn abzugeben, war für mich nie eine Option«, sagte sie.

Als ich die beiden traf, war der Kangal sieben Jahre alt und hatte ihr Leben komplett auf den Kopf gestellt. »Ich bin überzeugt davon, dass er mit seiner Hundefamilie in den rumänischen Bergen glücklicher geworden wäre. Ich werde ihm nie das Leben bieten können, das seiner Rasse und Natur entspricht«, erklärte sie. Ihr trauriges Fazit: »Nie wieder einen Hund aus dem Tierschutz.«

Tierschützer, die so einen Hund vermitteln, lassen den Auslandstierschutz schlecht dastehen und werten die Bemühungen der verantwortungsvollen und seriösen Tierschützer ab.

Ein Tier vor der Tötung zu retten, ist wunderbar. Leider reicht der gute Wille allein nicht. Und leider hilft auch Liebe allein oft nicht weiter. Sie schafft nicht alles. Im Grunde ist es das, was Hunde aus dem Tierschutz zuletzt brauchen. Statt Liebe brauchen sie Ruhe, Geduld und Zeit. Ganz am Schluss steht dann die Liebe. Würde ich es schaffen, meine Liebe an den Schluss zu stellen und Hopes Interessen ganz nach vorne?

Im Grunde spielte es keine Rolle, ob ich Hope liebte, sie brauchte Halt. Genauso wenig, wie sie Liebe brauchte, half ihr auch Mitleid. Dazu gab es jetzt auch keinen Grund, denn sie »litt« nicht mehr. Sie hatte Glück gehabt und lebte jetzt bei mir. Um uns auf einen Neuanfang zu konzentrieren, mussten wir beide die Vergangenheit loslassen. Jetzt brauchte Hope Mitgefühl,

Empathie. Ich war wirklich stolz darauf, wie mutig sie sich mit der ihr eigenen unbändigen Fröhlichkeit in ihr neues Leben stürzte. Sie vertraute wieder und freute sich, mich zu sehen.

Mythos Dankbarkeit

»Ach, der ist aus einer Tötungsstation?«, fragte kürzlich ein Hundebesitzer, den ich beim Gassigang mit Hope traf. »Das ist aber schön. Diese Hunde sind ja so dankbar«, fügte er hinzu und schaute mich teils bewundernd, teils neidisch an. Vermutlich hatte ich seiner Meinung nach mit der Rettung eines Hundes jetzt einen devoten Begleiter, der mich anbetet und mir dankbar jeden Wunsch von den Augen abliest.

»Gell, jetzt hast du's gut beim Fraule.« Er beugte sich zu Hope hinunter, die erschrocken zurücksprang. Ich machte, dass ich weiterkam.

Die angebliche Dankbarkeit von Tierschutzhunden ist ein beliebtes Thema bei Gesprächen. Ehrlich gesagt ist mir dieser Gedanke nie gekommen. Wie vermessen und selbstgefällig muss man sein, um zu erwarten, dass ein geretteter Hund *dankbar* ist? Warum sollte Hope mir dankbar sein und für was? Weil ich ihr Leben gerettet habe? Weil sie jetzt auf meinem Sofa sitzt statt auf der Straße und weil sie an der Leine spazieren gehen muss, statt mit ihrem Hunderudel zu toben? Ich sollte dankbar sein, erleben zu dürfen, wie ein geschundenes, verlassenes Tier noch einmal auflebt. Das Leben mit ihm lehrt uns Mitgefühl und Sanftmut. Es macht uns zu besseren Menschen.

Der Gedanke, ein Hund müsse dankbar für seine Rettung sein, erinnert an den Spruch, den Millionen Eltern irgendwann einmal ihren Kindern vorhalten: »Ich habe doch alles für dich getan …« Sie haben ihr Leben dem Nachwuchs gewidmet und erwarten nun Dankbarkeit in Form von Gegenleistungen dafür

(Pflege, Fürsorge). Das ist eine verdammt schwere Erwartung, die wir einer Beziehung auferlegen!

Wenn wir etwas tun, dann sollten wir es tun, weil wir es möchten. Wir haben uns dazu entschieden, einen Hund aus dem Tierschutz zu holen, weil wir ihn retten und ihm ein besseres Leben ermöglichen wollen. Aber wir haben das auch für *uns* getan – weil wir einsam waren, uns als »Gutmensch« fühlen oder Punkte für unser Karmakonto sammeln wollten. Dabei haben wir das Tier nicht gefragt, ob es überhaupt gerettet werden will. Nun aber tragen wir für den Rest seines Leben die Verantwortung für diese Hundeseele.

Die Tierschutzhunde schulden uns nichts. Wir sind es, die tief in ihrer Schuld stehen, denn wir haben sie erst in die Situation gebracht, aus der wir sie gerettet haben. Und dann kommen sie von einer Hölle in die nächste. Wieder werden sie eingesperrt, an einem Ort, wo sie nicht sein wollen. Wir maßen uns an, zu urteilen, was ein »gutes Leben« für sie ist. Dabei zwingen wir ihnen unsere eigene Ansicht auf, wie sie sich nach unserer Auffassung verhalten sollten. Im Grunde müssten sie wütend auf uns sein. Es ist gerade dieses Nichtdankbarsein, das wir achten und würdigen sollten. Wir haben so viel gutzumachen an unseren Tieren, dass hundert Leben dafür nicht reichen.

Ich werde nie wissen, ob Hope mit dem Leben, das sie jetzt bei mir führt, glücklich ist. Ich muss sie so respektieren, wie sie zu mir gekommen ist. Sie achten in ihrer Einzigartigkeit, ohne von ihr zu erwarten, dass sie mir jetzt bitte schön dankbar ist, weil ich ihr das Leben gerettet habe. Ich freue mich für sie, wenn sie sich in unserem Zuhause sicher und wohl fühlt.

Der kleine Hund mit den krummen Beinen ringt mir höchsten Respekt ab. Ich bin es, die zutiefst dankbar ist für die Lektionen, die er mir gibt, und ich empfinde eine tiefe Demut vor diesem Lebewesen einer anderen – nicht menschlichen – Art.

Wenn Sie darüber nachdenken, einen Hund aus dem Tierschutz zu holen, dann gebe ich Ihnen aus eigener Erfahrung den dringenden Rat: Informieren Sie sich *vorher* sehr gründlich. Lesen Sie Bücher dazu und sprechen Sie mit anderen Hundehaltern, die Tierschutzhunde adoptiert haben. Vor allem versuchen Sie, so viel wie möglich über ihren künftigen Begleiter herauszubekommen. Wenden Sie sich nur an seriöse Organisationen und hüten Sie sich vor Direktvermittlern im Internet. Hinterfragen Sie sich selbst, ob Sie sich das zutrauen. Erwarten Sie nicht, dass mit dem Einzug des Tieres alles Friede, Freude, Eierkuchen ist. Es kann schwer werden. Ich habe mit Hope sehr viel Glück gehabt. Versuchen Sie, möglichst viel gemeinsam zu machen. Hope und ich sind täglich fast rund um die Uhr zusammen. Ich glaube, dass nur so die Bindung entstehen konnte, in der wir uns gegenseitig kennen und verstehen gelernt haben.

Jeder Hundebesitzer muss seinen individuellen Weg finden, mit seinem Tier umzugehen. Es gibt keinen Leitfaden und auch kein Handbuch. Jeder Hund ist anders. Wenn Sie nach dem Verlust Ihres Tieres einen Neuanfang suchen, lautet mein wichtigster Rat an Sie: Geben Sie sich und Ihrem neuen Gefährten Zeit, sehr viel Zeit, um gemeinsam mit Ihnen und in seinem Tempo die Welt zu entdecken. Das gilt auch, wenn Sie einen Hund vom Züchter geholt haben, aber umso mehr bei einem ehemaligen Straßenhund.

Wenn Sie einen Hund aus dem Tierschutz adoptiert haben, seien Sie sich darüber im Klaren, dass viele Wochen, vielleicht auch Monate oder Jahre ins Land ziehen können, bis er endlich Vertrauen fasst. Lassen Sie ihn zur Ruhe kommen, geben Sie ihm einen geregelten Tagesablauf. Drängen Sie sich nicht auf, aber seien Sie da, wenn Ihr Herzenshund Mut fasst und Ihre Nähe sucht. Das Glücksgefühl, wenn Ihnen ein solches Tier vertraut und schwanzwedelnd zu Ihnen kommt, ist mit nichts vergleichbar.

Sie können die Welt nicht für Ihren Hund ändern, aber Sie können ihn mit viel Geduld und Einfühlungsvermögen wieder in ein normales Leben zurückführen.

Viel wichtiger noch als bei anderen Hunden ist bei einem Tierschutzhund, dass Sie ihn lesen können und erkennen, was ihn bedrängt oder überfordert. Ich weiß, am liebsten würden Sie ihn in die Arme nehmen und vor allem Bösen beschützen. Aber damit helfen Sie ihm nicht. Nicht nur, dass Sie ihn überfordern, Sie nehmen ihm auch die Würde, selbst zu entscheiden. Und das ist respektlos.

Etwas anderes ist es natürlich, wenn der Hund von sich aus in solchen für ihn schwierigen Situationen Ihre Nähe und Unterstützung sucht. Dann geben Sie ihm diese und freuen Sie sich über einen großen Schritt auf dem Weg des Zusammenwachsens.

Mit Hope, meiner kleinen rumänischen Hündin, lernte ich, was ich schon lange verlernt oder vergessen hatte: unendliche Geduld, keine Erwartungen zu stellen, nackt und verletzlich vor einem Lebewesen zu stehen, das auch keine Erwartungen an mich stellt. Dass sie schon in den ersten Monaten so zutraulich geworden ist, betrachte ich als großes Geschenk.

Ich habe ein kleines Dankbarkeitsritual von einer Leserin übernommen. Andrea H. schrieb mir, dass sie jeden Morgen, wenn sie aufsteht, zum Körbchen ihrer Hündin geht, sie sanft streichelt und sagt: »Schön, dass du da bist.« Eine wunderbare Geste, die man natürlich auch auf alle anderen Familienmitglieder ausweiten kann.

Beim Lesen Ihrer Mails und Briefe war ich sehr berührt darüber, dass viele von Ihnen nicht nur *ein* Sorgenkind aus dem Ausland adoptiert haben, sondern oft gleich mehrere – auch alte oder schwerkranke Hunde. Ich gestehe, ich war schon immer Einzelhundehalterin, weil ich mir den Stress mit dem Doppel-

oder Triplepack nicht antun wollte. Wenn ich aber Ihre Geschichten höre, dann scheint sich der Spruch zu bewahrheiten, dass zwei Hunde zwar doppelt so viel Arbeit machen, aber auch doppelt so viel Freude und Glück bringen.

Andrea, Kathrin, Anja, Karin und alle, die Sie mir geschrieben haben – ich bewundere Ihren Einsatz und verbeuge mich vor Ihrer großen Liebe zu den Tieren.

Wir leben in einer grausamen Welt, in der (nicht nur) Tiere brutal misshandelt und getötet werden. Und das nicht nur im Ausland, sondern auch in Deutschland. Aber es ist auch eine Welt voller Güte und Mitgefühl, in der Menschen unentwegt versuchen, Leid zu lindern. Wir werden die Welt nicht ändern und nicht jeden retten können. Aber für die kleine Hope und andere Tiere machen wir einen Unterschied. Ich bin nicht perfekt, aber manches mache ich wahrscheinlich richtig, vielleicht auch nur, weil ich selbst schon alt bin und die Welt jetzt mit anderen Augen sehe – mit den bernsteinfarbenen Augen eines kleinen krummbeinigen Hundes. Mit Augen voller Mut, Lebensfreude und Vertrauen.

HOPES GEHEIMNIS

Als ich mich entschied, Hope zu adoptieren, hatte ich große Angst, dass ich ihr nicht mein ganzes Herz schenken könnte, weil das immer noch von Shira besetzt war. Aber das dachte ich auch, als Shira zu mir kam und Lady noch mein Herz besaß. Ich glaube, dass das Herz von uns allen, die wir Tiere lieben, sehr groß und dehnungsfähig ist.

Plötzlich war sie wieder da – die Liebe in meinem Herzen. Es wurde warm und weitete sich aus. Die neu erwachte Liebe, die ich jetzt für Hope empfand, nahm niemandem etwas weg. Axel, Klops, Lady und Shira – sie alle rückten ein wenig zusammen. Und dann war Platz da für eine kleine Rumänin, die endlich bei mir eine Heimat gefunden hatte.

Hope brachte wieder eine gewisse Balance in mein Leben. Eine Ausgeglichenheit, die ich seit Shiras Tod nicht mehr empfunden hatte. Für uns beide ist es eine Win-win-Situation. Ich habe sie aus der Tötungsstation gerettet. Ebenso sehr aber hat sie mich gerettet. Sie hat mich Akzeptanz gelehrt. Ein Lebewesen zu lieben, einfach so, weil es es selbst ist.

Natürlich gibt es immer noch Tage, da hinterfrage ich meine Entscheidung, Hope aufzunehmen. Und jedes Mal entscheidet sich mein Herz wieder neu für sie. Heute, ein halbes Jahr später, haben wir beide unglaubliche Fortschritte gemacht. Meine krummbeinige Hündin ist fast ein »normaler« (Traum-)Hund. Von Anfang an war sie stubenrein und blieb ruhig in der Wohnung, ohne etwas zu zerstören. Heute ist sie meine perfekte Reisebegleiterin. Sie bleibt in Hotels im Zimmer, ohne zu randalieren, liegt im Restaurant brav unter dem Tisch. Bei Lesungen und Seminaren schläft sie auf einer Decke neben mir.

Ja, manchmal meldet sich noch die Erinnerung, und Hope flüchtet ängstlich in ihr Körbchen. Jedoch dauert es nicht lange, bis sie schwanzwedelnd angetippelt kommt und ihre Kuscheleinheiten einfordert. Inzwischen zerfließe ich nicht mehr vor Mitleid mit dem »armen« Hund, sondern lasse ihr Zeit, selbst mit einer Situation fertigzuwerden, die sie ängstigt. Wenn ich ihr genug Sicherheit gebe, schafft sie das. Wenn sie mich braucht, bin ich für sie da. Gegenseitiges Vertrauen ist das, was heute unsere Beziehung ausmacht. Ich habe mit Hope nicht den Hund bekommen, den ich mir gewünscht habe, aber sie ist genau das, was ich gebraucht habe.

Trotz ihrer schlimmen Vergangenheit besitzt meine Kleine einen Seelenfrieden, den ich erst noch erlangen muss. Wie macht sie das? Was ist ihr Geheimnis? Anscheinend erfüllt sie keinen anderen Zweck, als einfach nur zu SEIN.

Hope weiß, wie wenig es braucht, um glücklich zu sein. Sie freut sich über das Leben und scheint fasziniert zu sein von der Pracht der Natur. Jede Blume, jedes raschelnde bunte Blatt eines Baumes, Regen, der in eine Pfütze tropft, jedes krabbelnde Insekt, jeder Schmetterling und jede Motte, und vor allem jeder Vogel, der vor ihr auf der Wiese landet, ist eine endlose Verzauberung in ihren Augen, und in diesem Moment, in dem ich sie beobachte, auch in meinen.

Meine kleine rumänische Hündin ist eine sehr eigene Persönlichkeit. Ich muss nicht der Mittelpunkt ihrer Welt sein. Ich freue mich zu sehen, wie sie sich entwickelt und Vertrauen fasst. Ich habe gelernt, mich in den Hintergrund zu stellen und nicht mehr so wichtig zu nehmen, nicht mehr alles kontrollieren zu müssen, loszulassen und darauf zu vertrauen, dass sie ihren Weg zu meinem Herzen findet.

Hope hat mich so viel gelehrt: Geduld, Akzeptanz, wahre Seelenverwandtschaft. Als sie zu mir kam, hatte ich mich damit abgefunden, dass ich sie wahrscheinlich nie wirklich streicheln oder ihre kleine Schnauze küssen würde. Dass wir zusammen in einer Beziehung leben würden, in der wir nichts voneinander brauchen und nur den Raum und einen gelegentlichen Blick teilen würden. Sobald ich dies akzeptierte, gab sie mir viel, viel mehr – eine Art Wunder.

Jetzt rennt und spielt sie und rollt sich herum, damit ich mein Gesicht an ihrem Bauch vergraben kann. Sie leckt mir die Nase und wedelt mit dem ganzen Körper. Wir machen ein Nickerchen Seite an Seite auf dem Teppich im Wohnzimmer. Ich sehe sie an, wenn sie schläft, und frage mich, was sie erlebt und gesehen hat, wie sie sich gefühlt hat. Und dann bin ich dankbar, dass sie jetzt hier bei mir ist, in Sicherheit.

Als Hope zu mir kam war ich wütend – auf die Zustände, unter denen die Tiere in Rumänien leben müssen, auf die Menschen, die ihnen solche Angst machen, auf die Vermittler, die es mir so schwer gemacht haben, mehr über sie herauszufinden, damit ich ihr besser hätte helfen können. Hier hat mir die Herkunftsanalyse[24] von Stefan Kirchhoff sehr geholfen. Mithilfe eines Fragebogens und in Kombination mit zusätzlichen Angaben (biologische Daten, Alter, erste Impfung, aus welcher Region usw.) konnte er mir sagen, welches Leben meine Hündin vorher wahrscheinlich geführt hatte, und eine Art »Persönlichkeitsprofil« von ihr erstellen.

Danach war Hope vermutlich kein Verschlags- oder Kettenhund. Dass sie auf der Straße geboren und lange Zeit selbstständig dort gelebt hat, kann der Experte ebenfalls ausschließen, zumal sie sich innerhalb kürzester Zeit bei mir im Haus wohlgefühlt hat. Ihre Ohrmarke verriet, dass sie tatsächlich irgendwann einmal, zumindest zeitweise, auf der Straße gelebt hat und dort eingefangen, kastriert und registriert worden ist, bevor sie wieder freigelassen wurde. Kirchhoff geht davon aus, dass Hope einen Besitzer hatte und dass sie ein »Hofhund mit gelegentlichem Freigang« war. Er warnte jedoch davor, dass viele Auslandstierschutzhunde nach der Adoption ihr Verhalten noch einmal ändern können.

Auch meine meist freundlich schwanzwedelnde Rumänin entwickelt sich in letzter Zeit bei Begegnungen mit manchen Hunden zum »Leinenrambo«. Aber ich bin zuversichtlich, dass wir das mit viel Geduld und einem guten Hundetrainer in den Griff bekommen werden. Auf jeden Fall bleibt es spannend mit ihr.

Nun, da ich die wahrscheinliche Herkunft meiner Kleinen kenne, bin ich erleichtert, dass sie doch kein »echter« Straßenhund ist. Jetzt kann ich ihr Verhalten besser verstehen und darauf eingehen. Zwar wird alles, was in den ersten fünf Jahren ihres Lebens geschehen ist, weiter ihr Geheimnis bleiben. Aber das ist nicht annähernd so wichtig wie das, was in der Zukunft mit ihr geschieht.

Mit ihrer Fröhlichkeit bringt sie mich täglich zum Lachen. Wenn sie beispielsweise in großen Kreisen durch den Garten rennt, einfach so – aus purer Lebensfreude. Oder wenn sie abends all ihre Spielsachen, Decken und Kissen auf einen Haufen schleppt und sich mit einem Seufzer darauf fallen lässt und einschläft. Manchmal sehe ich dann Shira neben ihr stehen und mit dem Schwanz wedeln: »Gut gemacht, ihr zwei!«

Liebe und Verlust sind untrennbar miteinander verbunden, denn wir sind sterblich und können Liebe nur unter der Bedingung erfahren, dass das, was wir lieben, unweigerlich verloren geht. Weil wir den Schmerz des Verlustes kennen, können wir Mitgefühl für andere empfinden. Das Leid lehrt uns Demut, erweicht kalte Herzen und macht aus einem guten Menschen einen besseren. Nichts ist besser als ein Hund, wenn man in Erfahrung bringen will, wer man ist – und wozu man imstande ist.

Das einzig bedeutsame Maß für unser Leben ist die positive Wirkung, die wir auf andere haben, sei es durch bewusstes Handeln oder durch unbewusstes Beispiel. Jeder kleinste Akt der Freundlichkeit – Worte der Hoffnung, wenn sie gebraucht werden, die Erinnerung an einen Geburtstag, das Kompliment, das ein Lächeln hervorruft – hat das Potenzial, das Leben des Empfängers zu verändern.

Wenn ein kleiner Hund wie Hope durch das Beispiel seines Vertrauens und seiner Fröhlichkeit mein Leben zum Besseren verändern kann, dann ist kein Leben klein, sondern jedes Leben groß. Das Geheimnis des Lebens ist die Quelle seines Wunders. Und das Wunder des Lebens ist es, was es so lebenswert macht.

DANKE

Ein ganz großes Dankeschön geht an Jessica Hein, meiner Lektorin, für ihr Verständnis und ihre Geduld in schwierigen Zeiten und an meinen Agenten Uwe Neumahr, der so gerne offene Türen für mich einrennt.

Viele andere haben mich auf ihre Weise bei der Arbeit zu diesem Buch unterstützt und getragen. Ich beschränke mich an dieser Stelle auf die vierbeinigen Helfer:

Irish Terrier Henry, hat seinem Frauchen Ulrike Strerath-Bolz beim Lektorieren des Textes über die Schulter geschaut und hilfreiche Anregungen aus seinem eigenen Hundeleben gegeben.

Die Australian Shepherds Spike und Damon haben ihrem Frauchen Tanya Carpenter beim ersten Sichten des Textes assistiert.

Flat-Coated Retriever Mr. Darcy hat Frauchen Sabine Fladung-Wagner zu den wunderbaren Zeichnungen im Buch inspiriert.

Und Malinois Nanuk hat Frauchen Corina Cornilsen bei der Auswahl von Hope geholfen und ihr in den ersten Tagen im neuen Leben Schutz und Geborgenheit gegeben.

Am meisten jedoch danke ich Ihnen, den Leserinnen und Lesern, für Ihr Feedback und Ihre Mails zum Buch *Die Weisheit alter Hunde.* Sie haben Ihre eigenen Hunde-Erlebnisse mit mir geteilt und gemeinsam mit mir geweint und gelacht.

Mein größter Dank jedoch gehört all den wunderbaren Fellnasen, die mein Leben so reich gemacht haben. Euch allen, die ihr schon über die Regenbogenbrücke vorausgegangen seid, rufe ich zu: Ich freue mich auf ein Wiedersehen am anderen Ende des Regenbogens!

ANHANG

BESTATTUNGSFORMEN

Wohin mit dem Tier?

Das ist eine Frage, die Sie sich möglichst frühzeitig stellen sollten – tatsächlich wenn Ihr Hund noch lebt. Die Art und Weise, wie wir den Körper unseres toten vierbeinigen Freundes bestatten, ist nicht nur ein Zeichen von Respekt gegenüber der Beziehung, die wir mit ihm hatten, sondern auch gegenüber uns selbst.

Wenn Sie erst anfangen, eine Beerdigung zu arrangieren oder nach einem Krematorium zu suchen, nachdem der Hund gestorben ist, wird es extrem schwierig. Außerdem kann es auch sehr teuer werden, wenn wir alles schnell hinter uns bringen wollen und uns nicht die Zeit nehmen, Vergleiche zu ziehen. Es ist daher besser, sich schon lange vor dem Tod seines Tieres zu informieren und Vorbereitungen zu treffen. Die Möglichkeiten der Tierbestattung sind in den letzten Jahren zunehmend vielfältiger geworden. Ich stelle Ihnen die wichtigsten vor.

Mitnahme durch den Tierarzt

Fangen wir mit der Bestattung an, die uns am wenigsten gefällt, die aber manchmal nicht zu vermeiden ist: Sie müssen Ihren Hund nach dem Einschläfern beim Tierarzt lassen oder ihm den Körper mitgeben, wenn Ihr Liebling zu Hause gestorben ist.

Der Tierarzt bringt das verstorbene Tier in eine Tierkörperverwertungsanstalt. Dort wird der tote Körper zusammen mit anderen Kadavern zunächst unter Druck sterilisiert. Dann wird ihm Wasser entzogen; zurück bleibt etwa ein Drittel der ursprünglichen Masse. Dieses Tiermehl wird als Sondermüll verbrannt und nicht – wie fälschlich immer noch behauptet wird – zu Seife oder Schmiermitteln weiterverarbeitet. Viele Tierärzte arbeiten inzwischen auch mit Tierkrematorien oder Tierbestattern zusammen.

Diese Art des Abschiednehmens ist schwer und oft von Schuldgefühlen begleitet. Bitte machen Sie sich zusätzlich zu Ihrer Trauer nicht auch noch Vorwürfe, sondern sagen Sie sich, dass Sie in Ihrer Situation das Bestmögliche getan haben.

Begräbnis im eigenen Garten

Wenn der geliebte Hund stirbt, ist der Wunsch nach einer angemessenen Bestattung groß. Doch einfach losziehen und beispielsweise an der Lieblingsstelle im Wald ein Grab ausheben, geht natürlich nicht. Was in Deutschland erlaubt und verboten ist, regelt das *Tierische Nebenprodukte-Beseitigungsgesetz (TierNebG)*.

Verboten ist es, ein Haustier im Wald oder in einem öffentlichen Park zu vergraben. Auch darf ein Hund nicht einfach so über den Hausmüll, die Biotonne oder den Kompost »entsorgt« werden. Dieser Gedanke ist für die meisten Hundebesitzer zwar ohnehin abwegig, aber einige Haustierbesitzer (besonders von kleinen Tieren) wählen diesen Weg und werfen den treuen Lebensbegleiter in den Müll. Das ist nicht nur moralisch fraglich, sondern auch gesetzlich strengstens verboten.

Unter Beachtung gewisser Voraussetzungen dürfen Sie Ihr Tier jedoch im eigenen Garten begraben:

- Das Grab darf nicht in einem Trinkwasserschutzgebiet oder Naturschutzgebiet liegen.
- Es müssen ein bis zwei Meter Abstand zur Grundstücksgrenze bzw. zu den dahinter liegenden öffentlichen Wegen bleiben.
- Das Grab sollte mindestens fünfzig Zentimeter tief sein.
- Es muss auf Ihrem eigenen Grundstück liegen, nicht auf einem Miet- oder Pachtgrundstück.
- Das Tier darf nicht an einer meldepflichtigen Krankheit verstorben sein (z.B. Toxoplasmose oder Tuberkulose).

Keine Einschränkungen gibt es bei Urnenbestattungen. Die Asche dürfen Tierfreunde mit nach Hause nehmen und dort in einer Urne aufstellen, verstreuen oder vergraben.

Tierfriedhof

Kann man den Hund nicht zu Hause begraben, dann gibt es die Möglichkeit, ihn auf einem offiziellen Tierfriedhof zu bestatten. Deutschland hat etwa hundertzwanzig davon. Es gibt sie in allen Formen und Lagen. Manche befinden sich auf einem ungepflegten, heruntergekommenen Stück Land, andere fügen sich in eine bezaubernde Landschaft ein und werden liebevoll gepflegt.

Die Auswahl an Bestattungsmöglichkeiten ist groß. Je nach Tierfriedhof sind Beerdigungen in anonymen Gräbern, Sammel-, Reihen-, Einzel-, Doppel- und Mehrfachgräbern möglich.

Die Preise für eine Grabstätte sind von Friedhof zu Friedhof unterschiedlich. Ein Preisvergleich ist daher ratsam. Bei großen Rassen wie zum Beispiel Deutschen Doggen ist oft die Belegung eines Doppelgrabes notwendig, entsprechend höher sind die anfallenden Gebühren. Für Leute mit kleinem Budget bieten viele Tierfriedhöfe anonyme Gräber an, zum Beispiel unter einer Blumenwiese.

Die Kosten für die Beisetzung eines Hundes betragen zwischen 100 und 300 Euro zuzüglich mehrere Hundert Euro für die Grabmiete und den individuellen Grabstein sowie die Grabbepflanzung.

Einäscherung

Nicht jeder will seinen vierbeinigen Gefährten in einem Sarg sehen oder hat die Zeit und das Geld, jahrelang Grabpflege zu betreiben. In diesem Fall ist die Einäscherung eine weitere Alternative. Viele Tierärzte kooperieren inzwischen mit Unternehmen, die das Tier abholen und später die Urne zurückbringen, und natürlich kann man seinen Hund auch selbst ins Krematorium fahren, so wie ich es getan und beschrieben habe.

Auch bei der Kremierung hat der Tierbesitzer wieder die Qual der Wahl. Er kann zwischen einer individuellen oder einer Sammeleinäscherung mit anderen Haustieren wählen. Bei der Einäscherung wird das Tier in eine Kammer gelegt, die auf 1 400 bis 1 800 Grad erhitzt wird. Die Wärme reduziert seine Überreste zu basischen Kalziumverbindungen, mit anderen Worten: zu Asche. Nachdem diese abgekühlt ist, wird sie aus der Kammer entfernt und in eine Urne oder einen Behälter Ihrer Wahl gegeben. Sie können sie dann auf dem Grundstück des Krematoriums verstreuen oder beisetzen lassen oder aber mit nach Hause nehmen.

Bei der Kremierung fallen Kosten für das Verbrennen selbst, die Urne und gegebenenfalls den Transport an. Tierbestattungsunternehmen bieten eine Vielzahl verschiedener Gefäße an: aus Keramik, Holz, Glas, Kupfer, verziert oder mit Gravur. Kommt die Urne auf einen Tierfriedhof, entstehen zusätzliche Kosten. Die Einäscherungskosten richten sich nach dem Gewicht des Tieres und der Art der Einäscherung.

Viele Tierkrematorien und Tierbestatter haben den Trend der Zeit erkannt und bieten einen umfassenden Vierundzwanzig-Stunden-Service: Abholung des verstorbenen Tieres, Bereitstellung der Urne, Trauerräume, Verabschiedungszimmer, Trauerbegleitung, psychologische Beratung und viele weitere ergänzende Angebote gehören zu ihrem Dienstleistungsbereich.

Seebestattung

Mittlerweile werden für Haustiere die gleichen Bestattungsarten wie für Menschen angeboten. So werden zum Beispiel auch Seebestattungen immer öfter durchgeführt. Manche Firmen bietet sogar die Möglichkeit an, dass man nach seinem eigenen Tod an gleicher Stelle wie der verstorbene Hund dem Meer übergeben wird.

Luftbestattung

Sogar eine Luftbestattung vom Heißluftballon aus ist möglich. Dabei wird die Urne des verstorbenen Tieres am Fahrkorb des Ballons befestigt und steigt mit auf. Wenn der Kapitän den Ballon über ein geeignetes Gebiet gesteuert hat und die richtige Höhe erreicht ist, wird die Asche dem Wind übergeben. Die Tierbesitzer erhalten eine Urkunde, in der die genauen Koordinaten des Bestattungsortes eingetragen wurden.

Mensch-Tier-Bestattung

Ein schöner Gedanke ist für viele Hundebesitzer, sich gemeinsam mit ihrem Tier bestatten zu lassen. Das ist bereits auf einigen deutschen Friedhöfen möglich. Dazu muss der Hund eingeäschert werden. Danach kann er in seiner Urne im gleichen Grab wie sein Mensch beigesetzt werden. Dafür entstehen meist keine Extrakosten. Es besteht auch die Möglichkeit eines »Familiengrabes«, wo sich Hundehalter und Ehepartner mit mehreren Tieren gemeinsam bestatten lassen können.

Einfrieren, Ausstopfen, Klonen

Viele Menschen wollen sich von ihrem toten Haustier nicht trennen und möchten es so lange wie möglich bei sich behalten. Sie können sich für folgende Bestattungsmethoden für ihren Liebling entscheiden:

Ebenso wie einen Menschen kann man auch ein Tier einfrieren lassen. Das ist insbesondere in den USA ein Trend. Offensichtlich wird bei dieser speziellen Bearbeitung der Körpers des Hundes besonders gut erhalten.

Tierpräparatoren stopfen überwiegend gejagte Tiere aus. Doch die Nachfrage nach dem Ausstopfen von Haustieren steigt.

Einige Hundebesitzer erwägen, ihr Tier klonen zu lassen. Für viel Geld bekommen sie dann einen genetisch nahezu identischen Hund. In Deutschland gibt es noch nicht viele geklonte Haustiere. Es ist nicht illegal, allerdings sehr teuer.

Diamant, Tierkristall

Eine weitere Bestattungsmethode ist die Umwandlung der Asche des Tieres in einen Diamanten. Bei dieser Verarbeitung wird durch ein spezielles Verfahren einem Teil der Asche oder des Haarkleides des verstorbenen Tieres Kohlenstoff entzogen. Daraus entsteht dann unter großem Druck ein Rohdiamant, der nach den Wünschen des Kunden durch Schliff seine endgültige Form erhält. Mir gefällt der Gedanke, einen Teil meines Hundes in Form eines Schmuckstücks immer bei mir zu haben. Allerdings ist es eine recht kostspielige Methode, die den meisten von uns wohl versagt bleibt. Je nach Karat-Wunsch kostet ein solcher Diamant zwischen 3 000 und 18 000 Euro.

Bei einem anderen, nicht so teuren, Verfahren werden die Asche oder Haare des Tieres nicht zu einem Diamanten gepresst, sondern in eine Glaskristallform oder in ein Schmuckstück eingeschlossen.

Virtueller Tierfriedhof

In den letzten Jahren greift immer mehr eine neue Form der »Tierbestattung« um sich: der virtuelle Tierfriedhof. Menschen, die nicht in Form einer »realen« Beerdigung Abschied von ihrem Tier nehmen konnten, nutzen die elektronischen Möglichkeiten des Internets. Hier können sie nach dem Tod ihres Lieblings einen Stein aufstellen.

Per E-Mail verschickt man die Grabinschrift, den Namen, den Geburts- und Todestag des Hundes. Da man die Todesmeldung aber auch anonym oder unter falschem Namen einschicken kann, ist die Ernsthaftigkeit mancher Meldung oft infrage gestellt, wenn beispielsweise das Herrchen von Sepp, dem »Bayerischen Kampfhund« seinem Liebling zuruft: »Alte Wursthaut – bis bald!«

STADIEN DER TRAUER

Die fünf Stadien der Trauer nach Dr. Elisabeth Kübler-Ross sind Teil eines Gerüstes, das uns lehrt, mit unserem Verlust zu leben. Mit ihrer Hilfe können wir unsere Gefühle einordnen und bestimmen. Sie sind jedoch keine gerade Zeitlinie des Trauerns. Nicht jeder durchläuft alle oder erlebt sie in einer bestimmten Reihenfolge. Wir werden in der einen Phase länger verharren als in der anderen. Aber sie werden kommen, und sie werden erst verschwinden, wenn wir sie angenommen haben und durch sie hindurchgegangen sind.

Leugnen, Schock, Unglaube
Zorn, Schuld
Verhandeln
Depression
Akzeptanz, Neuorientierung

Leugnen, Schock, Unglaube

Die erste Reaktion auf den Tod eines Tieres ist der Unglaube. Wir wollen nicht wahrhaben, dass der geliebte Hund gestorben ist. Wir stehen unter Schock oder bewegen uns wie in Trance. Wenn der Verlust plötzlich eintritt, etwa durch einen Unfall, verdrängen wir die Realität. Wir hoffen, dass unser Liebling gleich um die Ecke kommt und uns freudig begrüßt. Es ist, als ob wir einen bösen Traum haben, aus dem wir hoffentlich bald erwachen.

Woran unser Hund auch immer gestorben ist, dieses gesamte Stadium hat etwas Surreales an sich. Aber es hilft uns auch, den Verlust zu »überleben« und unsere Gefühle zu sortieren. Meist ist diese Phase nur kurz und glücklicherweise schnell vorbei.

Zorn, Schuld

Wenn wir beginnen, die Realität zu sehen, bricht eine Welle von Emotionen los. Weinen und Wut sind normal. Wir sind aus einem Stadium der totalen Kontrolle und Fürsorge für das Leben unseres Hundes plötzlich in einen Zustand der Leere zurückgeworfen worden, in dem wir hilflos und verzweifelt sind. Zorn ist jetzt eine normale Reaktion.

Jeder, der auch nur im Entferntesten am Tod des Hundes beteiligt ist, kann nun zum Sündenbock und Ziel unserer Wut werden. Das erste »Opfer« ist meist der Tierarzt, der dem Ganzen noch am nächsten ist. Er ist wahrscheinlich völlig unschuldig am Geschehen, aber wir sehen jetzt nichts mehr realistisch und sind wütend auf jeden. Wir ärgern uns auch über uns selbst, weil wir das eine oder andere getan oder nicht getan haben.

Wir sind sogar wütend auf unseren Hund. »Warum musste er auf die Straße rennen, obwohl er bei Fuß gehen sollte?«

Wenn das Leben eines geliebten Tieres plötzlich endet, können wir kurzzeitig unsere Perspektive dafür verlieren, was richtig und was falsch ist. Zorn kann sich auch nach innen richten, und so kann es geschehen, dass wir uns selbst für unser vermeintliches »Versagen« die Schuld geben.

Schuldgefühle sind eine normale Reaktion darauf, dass wir Verpflichtungen oder Aufgaben nicht gerecht geworden sind. Dinge geschehen. Wir sind nur Menschen und keine Götter. Wir haben nicht alles unter Kontrolle und müssen akzeptieren, dass wir Fehler machen.

Besonders schwer wiegen unsere Schuldgefühle, nachdem wir ein Tier haben einschläfern lassen müssen. Hätten wir nicht noch warten können? Oder waren wir vielmehr zu spät, und unser Hund hat schon zu lange gelitten?

Schuldgefühle sind da, meist zu Unrecht und manchmal auch zu Recht. Aber wie lange wollen wir sie hegen und pflegen? Irgendwann einmal müssen wir tief in uns gehen und anfangen, uns selbst zu lieben. Wir müssen uns vergeben. Wenn unser Hund über uns richten müsste, dann hätte er uns wahrscheinlich längst verziehen.

Verhandeln

Bei tiefer Trauer ist Logik das Letzte, was unsere Gefühle und unser Denken beeinflusst. Wir würden alles geben, um diesen intensiven Schmerz zu beenden und die Ordnung im Chaos unseres Lebens wiederherzustellen. Wir wollen die Zeit zurückdrehen und verlieren uns in einem Labyrinth von »Was wäre, wenn …« und »Wäre doch nur …«

Oft versuchen wir auf kindliche Art und Weise, einen »Deal« auszuhandeln, um den Sterbenden bzw. den Verstorbenen am Leben zu halten bzw. ins Leben zurückzuholen. Wir nehmen uns vor, besonders redlich und selbstlos zu leben, um einen anderen Ausgang der Tragödie auszuhandeln. Viele versuchen, eine höhere Instanz, die über Leben oder Tod entscheidet, umzustimmen und das Geschehene oder Bevorstehende ungeschehen zu machen. Warum also nicht wieder beten? Wenn Gott sieht, wie ernst es uns ist, vielleicht könnte er dann ein kleines Wunder geschehen lassen? Es gibt ja Wunder, das haben wir gelernt. Überall auf der Welt ist Unmögliches möglich geworden. Warum nicht auch bei uns? Wir beginnen zu verhandeln: »Bitte Gott, wenn Bello wieder gesund wird, wenn er heil nach Hause zurückkommt, dann kümmere ich mich ganz bestimmt mehr um ihn, gehe ich mehr mit ihm spazieren …«

Verdrängen und Leugnen nehmen in dieser Zeit viele Erscheinungsformen an. Wie gehen wir am besten damit um? Wir sollten alle diese Gefühle akzeptieren, bis wir bereit sind, der Realität ins Auge zu sehen. Bis dahin müssen wir tolerant und geduldig mit uns selbst sein.

Depression

Jede drastische Veränderung in unserem persönlichen Leben verursacht Stress. Unsere emotionale Kraft scheint zu schwinden. Alles, was uns jetzt noch zu interessieren scheint, ist der Tod unseres Hundes und unser eigenes Elend. Das Leben ist zu überwältigend und schrecklich traurig. In diesem Stadium wollen wir uns von der Welt zurückziehen und leiden. Unser Selbstwertgefühl ist auf dem Tiefstpunkt, und uns kümmert nichts mehr. Die Trauer über den Verlust ist jetzt so persönlich, dass wir sie mit niemandem teilen möchten. Unsere Seele zieht sich in eine Selbstschutzkammer zurück.

Depressionen müssen akzeptiert und ausgehalten werden. Wenn sich das Leben ändert, müssen wir bereit sein, uns für eine Weile nicht mehr wie wir selbst zu fühlen.

Wenn die Depression vorbei ist, können wir zum ersten Mal seit dem Tod unseres vierbeinigen Freundes ein Ende des Schmerzes in Erwägung ziehen und einen kleinen Lichtschein am Ende des Tunnels sehen.

Akzeptanz, Neuorientierung

Akzeptanz bedeutet nicht, dass man die gesamte Situation auf einmal annehmen muss. Wir müssen nur akzeptieren, was passiert und wie wir uns im Moment fühlen. Unsere Gefühle werden verrückt spielen. Mal sind wir wütend und ängstlich, dann wieder distanziert, und im nächsten Augenblick sitzen wir laut schluchzend auf dem Boden. Wenn wir nach vorne schauen, geraten wir in Panik. Wie sollen wir ohne unser Tier jemals wieder fröhlich sein?

Irgendwann sind wir zu erschöpft vom ständigen Trauern, vom Kämpfen, vom Versuch, etwas ändern zu wollen, was wir nicht ändern können. Wir geben auf und lassen los. Jetzt kann der Prozess der Heilung beginnen.

Es gibt für alles eine Zeit – das weiß schon die Bibel zu berichten. Eine Zeit zu weinen und eine Zeit zu lachen, eine Zeit festzuhalten und eine Zeit loszulassen. Diese letzte Phase der Trauer ist ein Prozess des inneren Wachstums und der Heilung. Wir können den Schmerz loslassen, ohne dass die Erinnerung verblasst.

Das Leben mit unserem Hund hat uns beschenkt und reich gemacht. Jetzt müssen wir ihn ehren, indem wir unser Leben voll und ganz leben und vielleicht auch noch ein besserer Mensch werden.

HAUSTIERBETREUUNGS-VOLLMACHT, ERBE

Wenn alleinstehende Tierbesitzer ins Pflegeheim kommen oder gar sterben, ist häufig nicht geklärt, was mit den Haustieren geschieht. Meist bleibt, wie der Deutsche Tierschutzbund berichtet, nur die Unterbringung in einem Tierheim. Gerade für Katzen und Hunde bedeutet diese plötzliche Veränderung neben der Trauer großen Stress.

Um für die Übernahme der Tiere im Krankheits- oder Todesfall vorzusorgen, empfiehlt der Deutsche Tierschutzbund eine Haustierbetreuungsvollmacht.

Ich, ...
Wohnhaft in ....
bestimme, dass im Falle meines dauerhaften körperlichen oder geistigen Unvermögens oder im Falle meines Todes sich folgende Person/Einrichtung vollumfänglich um meine Tiere kümmert:

Tier: ....

Tier: ....

Diese Person oder eine von ihr beauftragte Person (Vollmacht) darf zu diesem Zweck mein Haus/Wohnung in ...., betreten, um die Tiere nebst Zubehör (Herkunftspapiere, eventuelle tierärztliche Anweisungen usw.) an sich zu nehmen und um die Tiere schnellstmöglich gut unterzubringen.

Bevollmächtigte Person:
Name, Vorname ....

Adresse ....

....

Telefon/E-Mail ....

....

....
(Ort) (Datum) (Unterschrift)

Bewahren Sie diese Vollmacht an leicht aufzufindender Stelle in der Wohnung in einem offenen Umschlag auf. Außerdem sollten Sie im Portemonnaie oder der Brieftasche einen Zettel mit der Notiz (samt Telefonnummer) bei sich tragen: »Im Falle, dass mir etwas zustößt, bitte sofort den Bevollmächtigten informieren.«

Bitte fügen Sie der Vollmacht auch eine Anleitung mit den Eigenheiten und Futtervorlieben für jedes Tier bei.

Versorgung nach dem Tod des Halters

Was, wenn ich zuerst sterbe? Kann ich meinem Hund etwas vererben, damit es ihm auch nach meinem Tod gut geht? Das sind Fragen, die sich viele Tierbesitzer stellen.

An Tiere zu vererben, ist in Deutschland nicht möglich, da nur Personen als Erben eingesetzt werden können (§ 1922 Abs. 1 Bürgerliches Gesetzbuch). Dennoch gibt es Möglichkeiten, wie Ihr Tier indirekt von Ihrem Erbe profitieren kann. Zunächst einmal können Sie als Erblasser durch ein Testament Ihren Erben zu einer Leistung verpflichten (§ 1940 BGB), beispielsweise zur Pflege Ihres Hundes. Dass die Auflagen dann tatsächlich erfüllt werden, dafür sorgen besondere Bestimmungen des Bürgerlichen Gesetzbuches (§§ 2193, 2194). Erheblich mehr Druck üben Sie aus, wenn Sie Ihr Erbe an eine aufschiebende oder auflösende Bedingung knüpfen (§ 2075 BGB). Diese Bedingung ist die Sorge um Ihr Tier. Erfüllt Ihr Erbe die Bedingung nicht, droht ihm der Verlust des gesamten Erbes.

Falls Sie im Besitz eines größeren Vermögens sind, können Sie zudem eine Stiftung von Todes wegen (§ 83 BGB) gründen, deren Zweck die Versorgung Ihres Tieres ist und die als Alleinerbe eingesetzt wird. Allerdings müssen Sie die Voraussetzungen der §§ 80 ff. BGB erfüllen: Sie benötigen eine Mindestkapitalausstattung, damit trotz Finanzierung der Stiftungsaufgaben der Vermögensgrundstock ungemindert erhalten bleibt.

TIERSCHUTZHUNDE AUS DEM AUSLAND

Vor einigen Jahren war das Wort »Auslandstierschutzhund« noch ziemlich unbekannt. Die meisten Hunde kamen aus dem örtlichen Tierheim oder direkt vom Züchter. Inzwischen scheint es fast eine Art Mode zu sein, einen Hund aus dem Ausland zu adoptieren.

In ganz Europa gibt es Hunde, die mehr oder weniger auf der Straße leben und die dort auch überwiegend von tierlieben Menschen versorgt werden. Dieses Mit- und Nebeneinander funktioniert meist erstaunlich gut – solange sich der Staat nicht einmischt und versucht, durch massenhaftes Einsperren und Töten das »Problem« der Überbevölkerung der Hunde zu lösen. Auch lässt sich mit Straßenhunden gutes Geld verdienen, sodass die politisch Verantwortlichen nicht an einer Lösung interessiert sind. Tierschutzgesetze werden kaum durchgesetzt, die Arbeit der Tierschützer mit Kastrations- und Aufklärungskampagnen kommt nur mühsam voran.

Die Zustände in den staatlichen Tierheimen, in die die von der Straße eingefangenen Hunde gebracht werden, sind mehr als katastrophal. Beispiele von Misshandlungen und brutalen, tierschutzwidrigen Tötungsaktionen gibt es im Internet zuhauf. Tierfreunde werden oft direkt mit dem Leid konfrontiert und möchten Hunde adoptieren. Tierschutzvereine unterstützen Tierheime vor Ort, scheitern aber oft trotz guter Arbeit an der Überfüllung der ausländischen Tierheime. Zwar arbeitet die Mehrheit der Auslandstierschutzvereine seriös und verantwortungsbewusst, jedoch gibt es auch eine große Zahl an schwarzen Schafen, die gemerkt haben, dass sich gute Geschäfte machen lassen. In letzter Zeit wird vermehrt darüber berichtet, dass beispielsweise in Rumänien säugenden Hündinnen die Welpen weggenommen werden, um sie zu verkaufen. Und dies nicht nur bei Straßenhunden, sondern auch bei Besitzerhunden, die aus einem Hof oder Garten weggefangen werden.

Trauriger Welpenblick, grausames Schicksal und kurz bevorstehende Tötung – wer lässt sich davon nicht erweichen?

In den sozialen Medien gibt es täglich Meldungen von Tieren, die dringend gerettet werden müssen, mit der Bitte um Finanzierung der Freikäufe. Deutsche Tierschutzorganisationen warnen eindringlich vor solchen Methoden und der Direktvermittlung über das Internet. Prüfen Sie genau nach, wer da postet und ob diese Person oder dieser Verein garantieren kann, dass die entsprechenden Tiere tierschutzgemäß versorgt und auch vermittelt werden. Gerettet ist ein Hund nur dann, wenn er eine fürsorgliche Familie bekommt. Es gibt viele Fälle, in denen Tiere freigekauft und dann irgendwo in Rumänien in einem alten Stall abgeladen wurden.

Ein weiteres Problem bei der Vermittlung von Auslandshunden ist das immer häufigere Auftreten von Mittelmeerkrankheiten, die von den adoptierten Hunden nach Deutschland eingeschleppt werden. Leishmaniose, Babesiose, Ehrlichiose, Borreliose, Dirofilariose, Hepatozoonose, Giardiose, Demodex zeigen unterschiedliche Krankheitsverläufe. Die Hunde sind entweder nicht getestet (obwohl immer wieder das Gegenteil behauptet wird), oder sie werden als »Träger, aber nicht ansteckend« hergebracht, was praktisch russisches Roulette ist, denn diese Krankheiten schlummern oft und können bei Stress (allein der Transport nach Deutschland kann da genügen) aktiv und ansteckend werden. Damit sind sie auch eine Gefahr für hiesige Hunde, die mit derlei Erregern bisher nicht konfrontiert waren und auch keine Immunabwehr dagegen besitzen.

Viele dieser Mittelmeerkrankheiten sind behandelbar, und das Tier kann mit den entsprechenden Maßnahmen ein normales, schönes Leben genießen. Nicht zu unterschätzen sind jedoch die hohen Tierarztkosten, die entstehen können, und auch die psychische Belastung für den Halter.

Eine besonders große Gefahr geht von Hunden aus Drittländern aus, die illegal nach Deutschland gebracht werden. Im September 2021 starb in einer Bremer Tierklinik ein Kangal-Welpe.[25] Da das Tier keine Papiere hatte und der Besitzer jede Kooperation verweigerte, ordnete das Veterinäramt eine pathologische Untersuchung an, bei der sich herausstellte, dass der Hund an den Folgen von Tollwut verstorben war. Vermutlich war der Welpe illegal aus der Türkei eingeführt worden. Dreißig Mitarbeiter der Klinik mussten notgeimpft werden. Der Fall sorgte bundesweit für Alarm, denn Tollwut gilt in Deutschland seit 2008 als ausgerottet.

Diese Infektionskrankheit wird durch das Rabiesvirus ausgelöst. Menschen stecken sich in den meisten Fällen durch den Biss eines infizierten Tieres mit dem Virus an. Bis sich erste Symptome zeigen vergehen erfahrungsgemäß zwei bis drei Monate. In der Folge kommt es zu einer Gehirnhautentzündung, die fast immer zum Tod führt.

Eine Sprecherin des Bremer Tierschutzvereins wies darauf hin, dass man bei der Adoption eines Hundes aus dem Ausland auf vollständige Papiere achten soll. So sollte in dem EU-Impfpass eines Hundes auch die Tollwut-Impfung eingetragen sein, denn die sei ein Muss.

Stammen Hunde aus einem illegalen Handel, kommen diese meist ohne diese Dokumente nach Deutschland, weshalb sie zunächst in Quarantäne müssen. Solche Maßnahmen sind dringend erforderlich, wenn man andere Tiere und Menschen schützen will.

Die Tierschutzbeauftragte des Ministerium für Umwelt, Landwirtschaft, Natur- und Verbraucherschutz des Landes Nordrhein-Westfalen riet davon ab, Hunde im Internet zu kaufen, da der Onlinehandel keiner Kontrolle unterliege und den Tierschutz untergrabe.[26]

Streuner in Rumänien

Streuner gibt es überall in Süd- und Osteuropa. Die einzelnen Länder mit ihren Tierschutzprojekten aufzuzählen, würde das Buch sprengen. Darum beschränke ich mich auf Rumänen, weil es mir – durch meine Hündin Hope – am nächsten liegt.

Rumänien ist das Land mit der vermutlich größten Hundepopulation als Folge von unkontrollierter Vermehrung. Unerwünschte Welpen oder trächtige Hündinnen werden oft ausgesetzt. Obwohl die Gesetzgebung vorschreibt, dass Mischlingshunde kastriert werden müssen, hält sich keiner daran, und es werden keine offiziellen Maßnahmen ergriffen, um das Gesetz anzuwenden. Stattdessen bezahlt der Staat private Tierfänger, die die Hunde einfangen und töten.

In Land gibt es nach Angaben der Tierrechtsorganisation PETA über hundertsiebzig staatliche Tierheime, die überwiegend Orte des Grauens sind.[27] Fast alle Einrichtungen fangen heimatlose Hunde ein, viele töten sie.

Obwohl es seit 2001 ein bestehendes Tierschutzgesetz gibt, war es bis 2007 in Rumänien legal, streunende Hunde einzufangen und zu töten. Erst seit das Land 2007 in die EU eintrat, dürfen gesunde Tiere nicht mehr getötet werden, und auch Tierquälerei wurde unter Strafe gestellt.

2014 wurde ein »Euthanasiegesetz« erlassen (OUG 155/2001 modifiziert durch Gesetz 258/2013). Anlass war der tragische Tod eines kleinen Jungen, der nach einem zweifelhaften »Beißvorfall« starb.

Das Tötungsgesetz besagt unter anderem, dass alle heimatlosen Hunde eingefangen, in die staatlichen Tierheime gebracht und dort getötet werden können, wenn sie nicht innerhalb von vierzehn Tagen adoptiert werden. Seitdem lässt sich mit der Tötung von Hunden viel Geld durch die ausgesetzten Prämien verdienen.

Pro eingefangenem Hund zahlt der Staat bis zu 50 Euro. Dieser für die Hundefänger lohnende (Neben-)Verdienst führt dazu, dass oft nicht nur Streuner, sondern auch Besitzerhunde aus Gärten oder Höfen weggefangen werden und in einem Tierheim landen, wo man sie schließlich tötet. Diese Besitzerhunde sind eine leichte Beute, da sie meist zutraulich und nicht misstrauisch sind. Welpen werden Hundemüttern weggenommen und als »tragischer Tierschutzfall« ins Ausland verkauft.

Es hat sich ein grausames Geschäft entwickelt. Die Betreiber und Veterinäre dieser Heime erhalten für die Verwahrung, Versorgung und medizinische Betreuung bis zu 250 Euro pro Hund. Und letztendlich verdienen auch noch die »Entsorger« am massiven Tierleid.

Im Juni und Juli 2014 entschieden die Berufungsgerichte in Bukarest und Brasov, dass das Tötungsgesetz verfassungswidrig ist und in ganz Rumänien nicht mehr angewendet werden darf. Trotz zahlreicher öffentlicher Proteste, Demonstrationen, Petitionen und Strafanzeigen, u.a. vor dem Europäischen Gerichtshof, geht das Fangen, Quälen und Töten der Hunde jedoch widerrechtlich weiter, da das Gesetz bis heute nicht geändert wurde.

Seit dem Frühjahr 2021 gibt es in Rumänien eine Tierschutzpolizei. Ob die etwas bewirken kann, ist ungewiss.

Dabei müsste man die Hunde nicht töten, um die Zahl der Straßenhunde zu reduzieren. Zahlreiche internationale Tierschutzorganisationen und Tierschützer vor Ort kämpfen seit Jahren gegen die Tötungen und die Zustände in den staatlichen Tierheimen an. Sie suchen Gespräche mit Bürgermeistern, mit den

Gemeinden und Städten und der Bevölkerung. Sie klären die Hundebesitzer über den Sinn von Kastrationen und den artgerechten Umgang mit Tieren auf. Auf dem Land führen Studenten der Tiermedizin in mobilen Kliniken kostenlose Kastrationen durch.

Es zeigen sich kleine Erfolge, aber es werden wohl noch Jahrzehnte vergehen, bis das Elend der Straßenhunde ein Ende hat.

Abschließend noch ein persönlicher Rat von mir: Wenn Sie einem heimatlosen Tier ein neues Zuhause schenken, sollten Sie im Tierheim nach Ihrem neuen tierischen Mitbewohner suchen. Egal, ob Hund, Katze, Hamster oder andere Tiere – kaufen Sie keine Tiere im Internet oder Zoohandel, sondern informieren Sie sich beim Tierschutz und Tierheimen.

Für Menschen, die sich auf das Abenteuer Tierschutz- oder Tierheimhund nicht einlassen wollen, gibt es noch eine andere Möglichkeit: Seriöse Züchter- und Dachverbände vermitteln ältere Hunde, die ein neues Zuhause suchen. Sei es, weil die Besitzer gestorben sind, sei es, weil ein Hund aus anderen Gründen nicht mehr bleiben kann. Dort wird im Allgemeinen sorgfältig gearbeitet, und man kann sich weitgehend darauf verlassen, dass der Hund aus einer anständigen Haltung kommt. Wer einem Hund in Not ein neues Zuhause geben will, kann es auch auf diese Weise tun, ohne große Risiken einzugehen.

Grundsätzlich sollten Sie sich vor der Adoption eines Tieres Gedanken darüber machen, ob Sie Zeit, Geld und Platz haben, um einem tierischen Begleiter ein liebevolles und dauerhaftes Zuhause zu schenken.

ANMERKUNGEN

1 Alle Namen im Buch geändert

2 https://de.innerself.com/content/living/finance-and-careers/career-and-success/9909-compassion-fatigue-is-the-cost-some-workers-pay-for-caring-for-others.html, zuletzt abgerufen am 20.11.21

3 Siehe Anhang: Bestattungsformen

4 Benjamin Ferencz: *Sag immer deine Wahrheit. Was mich 100 Jahre Leben gelehrt haben.* Heyne, München 2020, S. 154

5 Siehe Anhang: Stadien der Trauer

6 https://www.tasso.net

7 Brief von Sigmund Freud an Ludwig Binswanger: https://de.sainte-anastasie.org/articles/cultura/cuando-sigmund-freud-perdi-a-su-hija-sophie.html, zuletzt abgerufen am 20.11.21

8 https://www.youtube.com/watch?v=RV-Z1YwaOiw, Deutsche Übersetzung des Liedes: https://www.swr3.de/musik/pop lexikon/lyrics/ronan-keating-i-hope-you-dance--songtext-deutsche-bersetzung--lyrics-100.html, zuletzt abgerufen am 1.11.21

9 https://www.prweb.com/releases/2005/09/prweb281120.htm, zuletzt abgerufen am 30.9.21

10 http://www.fritzinstitute.org/PDFs/findings/Hurricanekatrina_Perceptions.pdf, zuletzt abgerufen am 29.9.21

11 https://en.wikipedia.org/wiki/Pets_Evacuation_and_Transportation_Standards_Act, zuletzt abgerufen am 29.9.21

12 https://www.rnd.de/panorama/hochwasser-im-ahrtal-das-juengste-todesopfer-war-vier-jahre-alt-das-aelteste-97-T3FPN5OE76AAWKGLCY6EV5USSI.html, zuletzt abgerufen am 19.11.21

13 https://www.tasso.net/Tierschutz/Aktionen/Trockene-Pfoten, zuletzt abgerufen am 19.11.21

14 https://www.berliner-zeitung.de/news/vermisster-hund-laeuft-380-kilometer-nach-hause-li.179573, zuletzt abgerufen am 2.11.21

15 https://www.tasso.net/Ueber-uns/Unsere-Aufgaben, zuletzt abgerufen am 5.11.21

16 Siehe Anhang: Haustierbetreuungsvollmacht, Erbe

17 https://www.thesun.co.uk/news/14238743/queen-given-corgis-to-get-through-crisis/, zuletzt abgerufen am 30.10.21

18 Siehe Anhang: Hundebetreuungsvollmacht

19 Finanztest 9/2021

20 Siehe Anhang: Tierschutzhunde aus dem Ausland

21 https://emotionen-info.de/2018/03/04/hoffnung/, zuletzt abgerufen am 30.10.21

22 Stefan Kirchhoff: *Streuner! Straßenhunde in Europa.* Kynos Verlag, 2014

23 https://www.elli-radinger.de/category/hope/

24 https://www.streunerbutze.de/index.php/hundeschule

25 https://www.butenunbinnen.de/nachrichten/tollwut-kangal-tierklinik-posthausen-100.html (zuletzt abgerufen am 21.11.21)

26 https://www.umwelt.nrw.de/presse/detail/die-tierschutzbeauftragte-teilt-mit-illegaler-tierhandel-hunde-nicht-im-internet-kaufen-landestierschutzbeauftragte-online-handel-unterliegt-keiner-kontrolle-und-untergraebt-den-tierschutz-1617091524 (zuletzt abgerufen am 21.11.21)

27 https://www.peta.de/themen/hunde-rumaenien/, zuletzt abgerufen am 20.11.21